U0167305

大体积混凝土结构温度场计算

朱振泱 著

中国水利水电出版社
www.waterpub.com.cn

·北京·

内 容 提 要

本书主要研究了大体积混凝土结构温度场计算中的边界条件问题、水管冷却问题和混凝土自身水化放热问题，具体包括浇筑温度的预测、浇筑温度测量值和有限元浇筑温度选取值、太阳辐射的模拟分析、仓面环境控制的模拟分析、水管周围混凝土温度梯度和温度场精确模拟、埋置单元法改进、早龄期混凝土水化放热精确模拟和晚龄期混凝土水化放热估算等内容。

本书可供水工、施工及相关专业从事大体积混凝土结构设计、施工和科研人员参考使用，也可供高等院校相关专业师生参考。

图书在版编目（CIP）数据

大体积混凝土结构温度场计算 / 朱振泱著. -- 北京：
中国水利水电出版社，2020.11
ISBN 978-7-5170-8987-2

Ⅰ．①大… Ⅱ．①朱… Ⅲ．①大体积混凝土施工－温度场－计算 Ⅳ．①TU755.6

中国版本图书馆CIP数据核字（2020）第206350号

书　　名	大体积混凝土结构温度场计算 DA TIJI HUNNINGTU JIEGOU WENDUCHANG JISUAN
作　　者	朱振泱　著
出版发行	中国水利水电出版社 （北京市海淀区玉渊潭南路1号D座　100038） 网址：www.waterpub.com.cn E-mail：sales@waterpub.com.cn 电话：(010) 68367658（营销中心）
经　　售	北京科水图书销售中心（零售） 电话：(010) 88383994、63202643、68545874 全国各地新华书店和相关出版物销售网点
排　　版	中国水利水电出版社微机排版中心
印　　刷	清淞永业（天津）印刷有限公司
规　　格	170mm×240mm　16开本　12印张　173千字　6插页
版　　次	2020年11月第1版　2020年11月第1次印刷
印　　数	0001—1000册
定　　价	**66.00元**

前言

　　混凝土温度裂缝是大体积混凝土施工期最常见的裂缝。许多大型坝体工程、隧洞衬砌结构、渡槽结构和桥梁结构都采取了温控防裂计算。目前混凝土温控防裂计算最广为采用的方法是有限元法。

　　目前，计算中常常出现计算结果和实际情况偏差较大的情形，其主要原因是计算考虑的因素和实际情况差异较大：一些误差是不了解工程实际情况所导致的，如很多有限元计算中设定的浇筑温度为测量浇筑温度（混凝土表面以下 10cm）处的温度；一些误差是忽略混凝土材料自身性能所导致的，如计算中忽略混凝土自身温度对混凝土水化放热的影响；一些算法忽略考虑水管周围混凝土温度梯度大而且不均匀的特性，导致温度场计算和实际偏差较大。

　　针对该情况，本书主要研究了大体积混凝土结构温度场计算中的边界条件问题、水管冷却问题和混凝土自身水化放热问题，主要内容包括：浇筑温度的预测，浇筑温度测量值和有限元法计算的浇筑温度的关系，太阳辐射的模拟分析，仓面环境控制的模拟分析，水管周围混凝土温度梯度和温度场精确模拟，埋置单元法改进，早龄期混凝土水化放热精确模拟，以及晚龄期混凝土水化放热估算等。目的在于更加明确地了解混凝土施工情况、混凝土材料性能和含水管大体积混凝土的温度场特性，进而做出更为精确的模拟。

本书共分为5章，第1和第2章主要介绍学科进展和基础理论，其余章节均为作者在河海大学攻读博士学位、在华东勘测设计院进行博士后研究及在中国水利水电科学研究院期间的研究内容。感谢在研究工作及书稿编写过程中张国新教授、强晟教授和陈炜旻所给予的指导，以及武聪聪、颉志强和刘敏芝博士给予的帮助。

本书的资助项目包括：国家重点研发计划项目（项目编号：2018YFC0406703），国家自然科学基金项目（51779277），中国水利水电科学研究院科研专项（SS0145B612017，SS0145B392016），流域水循环模拟与调控国家重点实验室自主研究课题（SKL2020ZY10）。

由于作者水平有限，有限元数值分析法发展又较快，书中难免有不足之处，诚挚地欢迎读者批评指正。

作者

2020 年 7 月

目录

第1章

绪　　论

1.1　研究背景

混凝土（普通混凝土）是由水泥、砂、石和水按适当比例配合的拌和料经一定时间硬化而成的人造石材。为了改善混凝土的某些性能，还可在混凝土中添加适量的外加剂和掺合料。混凝土具有抗压强度高、可塑性好、耐久性好、原料丰富、价格低廉、可用钢筋加强等优点，广泛应用于建筑工程、水利工程、道路、地下工程和国防工程等，是当代最重要的建筑材料之一，也是世界上用量最大的人工建筑材料。混凝土结构由于内外因素的作用很容易产生裂缝，而裂缝是混凝土结构物承载能力、耐久性及防水性降低的主要原因。混凝土在建筑工程中发挥着不可缺少的作用，但温度裂缝严重影响混凝土的性能。解决温度裂缝问题要建立在对混凝土温度准确预测的基础上，但混凝土的一些特性使得其温度场难以被准确预测，具体主要包括以下几方面内容：

（1）初始计算条件以及边界条件难以准确确定。不同时刻浇筑的以及不同部位的混凝土初始温度差异很大，各个工程的边界条件也差异较大。目前很多计算均对这些条件做简单处理，结果误差往往较大，甚至进一步影响对应的温度应力。

（2）混凝土的温度裂缝与水泥的水化放热有密切关系。水泥作为混凝土的胶凝材料，直接影响混凝土各种性能。水泥的基本物质是硅酸盐类水泥，一般由硅酸盐水泥熟料、石膏和混合材料三部分组成。硅酸盐水泥熟料的主要矿物质包括硅酸三钙、硅酸二钙、铝酸三钙、铁铝酸四钙，水泥的水化反应主要是这四种物质和水的反应。水泥的水化与其自身温度有密切的关系：通常情况下，温度越高，水泥的水化反应越快；温度越低，水泥水化速度越慢，在负温下，水泥的水化趋于停止。精确考虑温度对混凝土水化速率的影响较为困难。

（3）水管冷却效果难以精确模拟。为了控制混凝土内部温度，大体积混凝土内部往往布置冷却水管。冷却水管分铁管和塑料管，铁管的导热性能好，而塑料管则往往较容易布置。混凝土是热的不良导体，水管附近混凝土温度梯度很大。如何精确计算出水管及其周围混凝土温度场，也是一个难点问题。目前，离散迭代法可以计算出水管及其周围混凝土温度场，但用该方法求解混凝土温度场问题存在一定的局限性。由于水管半径只有 $1\sim2\text{cm}$，为了保障计算精度，在水管附近必须采用密集网格；而如果在水管附近采用密集网格，对于大体积混凝土三维温度场的模拟又往往需要大量的节点，对计算机性能要求较高，且网格密集的程度对温度场计算精度的影响难以判断。

本书主要内容是在前人研究的基础上，对边界条件、水化放热和水管冷却的相关细致模拟做进一步研究。本章主要对前人研究成果和本研究的创新点及主要内容进行阐述。

1.2　混凝土温度场计算方法的研究进展

1.2.1　混凝土温度与应力场仿真的研究进展

20 世纪 60 年代末，美国加州大学土木工程系教授 Wilson E. L. 研发了第一个大体积混凝土结构施工期的二维温度场有限元仿真程序 DOT-DICE，这也是有限元方法首次应用于混凝土温度分析中，该成果在 Dworshak 坝成功运用。1985 年美国工程师 Stephen B. 等在 Wilson E. L. 编写的程序基础上做了一些改进后，将其应用于全美第一座碾压混凝土坝（RCCD）——Willow Creak 坝的温度场分析。他们第一次对混凝土的施工过程进行了模拟，并用逐步递推的方法求出了不同时期坝体的温度分布。尽管采用的是比较简单的一维模型，但在当时是最先进的方法，并且计算结果和实测结果吻合得相当好，因此该项成果被认为是温度场有限元分析的首份重要文献。混凝土徐变应力场分析方面，几乎在温度场仿真程序 DOT - DICE 研发成功的同一时期，二维徐变应力场计算程序也编制完成，却因当时很难提出一个可靠的弹性模量和徐变随时间变化的关系而一直没有得到广泛应用。1988 年，在第 16 届国际大坝会议上，Ditchey E. J. 等和 Yonezawa T. 等发表的两篇文章表明当时的混凝土温度和应力场计算均已开始考虑时间因素。1992 年，Barrett P. K. 等为了更加准确地模拟混凝土的温度和应力场，创造性地将 Smeared Crack 裂缝模型添加到温度和应力仿真分析中，也就是三维温度和应力场计算软件 ANACAP。近年来，日本学者在这方面的研究成果也较多，逐渐走在世界前列。

国内在这方面的研究起步也较早，从 20 世纪 50 年代开始就从未停止过且一直处于世界先进水平。朱伯芳院士早在 1956 年就公开发表了《混凝土坝的温度计算》一文，此后一直在该领域进行深入研究，《朱伯芳院士文选》和《大体积混凝土温度应力与温度控制》是其多年研究成果的总结，成为当前国内学术界和工程界公认的权威资料。之后，很多高校和科研机构都在该领域进行了大量研究，包括中国水利水电科学研究院、河海大学、清华大学、天津大学、武汉大学、西安理工大学、大连理工大学、三峡大学等，取得了显著的成果。不同学者对该问题的研究越来越具体化和有针对性。张国新在数字化温控防裂、非均质材料温度场计算和氧化镁微膨胀混凝土模拟研究等领域均做出了出色的贡献。丁宝瑛等在仿真计算中考虑了材料参数变化的影响。刘光廷、麦家煊等把断裂力学成功运用到混凝土表面温度裂缝问题研究中。赵代深等在混凝土坝多因素仿真方法研究方面取得了一些成果。李国润研究了浇筑速度对温度应力的影响。张国新等在边界元方法计算 RCCD 温度及应力方面取得了一些进展。刘广廷对混凝土施工期温度对弹性模量的影响效应做了探讨。朱岳明在多个工程推广水管冷却算法精确计算，并取得了出色的成就。还有一批学者对新型混凝土材料（如 MgO 微膨胀混凝土）和外加剂等的性能及其工程应用提出了许多独到见解。梅明荣从细观角度对掺 MgO 混凝土的自收缩特性做了一些尝试性研究。

随着现代筑坝技术的不断发展，仿真计算模型越来越复杂、规模越来越巨大、对精度的要求也越来越高，这些都促进了科研人员对高效率、高精度仿真方法的探索。朱伯芳院士率先提出了"扩网并层算法"，采用拟均质单元。王建江提出的"非均匀单元法"将梯形分布的材料参数近似地看作单元局部坐标的连续函数。朱岳明提出了"非均质层合单元法"，该方法仿真原理严密且实际应用效果良好。陈尧隆提出的"浮动网格法"在 RCCD 中运用成功。王宗敏、刘光廷提出基于位移等效的等效连续模型，能够加大有限元网格的尺寸。另外，黄达海提出的"波函数法"和刘宁的"子结构技术"等也是有效的计算方法。上述算法均能有效降低计算规模和提高计算速度，仿真结果的精度针对不同问题则各有千秋。

1.2.2　基于水化度理论的混凝土温度与应力研究进展

国外对水泥（混凝土）水化的研究很多，多采用先进的试验方法对水泥水化过程进行观测，根据观测结果阐释水泥水化过程和机理。Kjellesn K. O. 采用 X 射线对混凝土水化过程中形成的"空壳"进行跟踪观测，从"空壳"的变化过程研究混凝土的水化。Ye G. 利用超声波脉冲对水泥基材料的微观结构形成过程进行数值模拟和试验，并利用试验结果修正数值模拟，从而将水泥的水化分为两个重要的过程。Morin V. 利用超声波对混凝土的水化过程进行观测，得到混凝土内部毛细管的演变过程。类似的还有 Jhon J.、Bertil P.、McCarter W. J. 等所做的研究，这些研究方法虽然各不相同，但结果都基本一致。普通硅酸盐水泥的水化是熟料组分、硫酸钙和水发生交错的化学反应，反应的结果导致水泥浆不断稠化和硬化，即：从化学上讲，水化是一种复杂的溶解-沉淀过程，各种水泥矿物质以不同的速率同时进行而且彼此影响。水泥水化机理的解释有多种，至今仍无统一的结论，但普遍认为水泥水化过程可以分为 5 个阶段，即初始水解期、诱导期、加速期、衰退期和稳定期。

影响混凝土水化反应的因素很多，包括水泥的质量、水灰比、矿物质掺合料、外加剂、水化温度等。提高水泥细度，增加表面积，可以使水化反应诱导期缩短。水灰比较大时，溶液中的离子的溶解度较大，水化速度较快。采用外加剂可以调节水泥的水化速率，常用的外加剂有促凝剂、缓凝剂、快硬剂等。绝大多数无机电解质都有促进水泥水化的作用，有机外加剂对水泥水化有延缓作用。矿物掺合料主要包括粉煤灰、矿渣、火山灰等，对水泥水化的影响各不相同。水泥中如掺入粉煤灰，则水化放热量和水化反应速率减小。矿渣水泥比普通水泥的水化热要低，而且和普通水泥的水化放热过程相比，在水化过程有可能经历两个水化放热高峰。火山灰水泥的矿物成分会加速水泥的水化，水化放热速率也要高于一般水泥，但总的水化放热量降低。

水化度（Degree of Hydration）即水化反应程度，即某一时刻水化反应与胶凝材料完全水化的状态相比所达到的程度。研究表明，温度对水泥水化反应速率的影响较大，后者随温度的升高而加大，且服从 Arrhenius 函数。成熟度函数是温度与龄期的函数，最初用于刻画混凝土强度随水化反应变化的特性。随着 Arrhenius 函数逐渐被接受，Freiesleben H. 等于 1977 年提出基于该函数的等效龄期成熟度函数，在描述混凝土强度的同时，也用于反映混凝土的热学特性。对于同种混凝土而言，无论其养护温度和龄期如何变化，成熟度相同，则水化度也相同，其热力学性能必然也相同。因此，水化度概念成为混凝土等效龄期成熟度与热力学特性之间的桥梁，能更直观地表述混凝土龄期、温度以及水化反应对其热力学特性的影响。基于上述思想，国外研究者在试验基础上提出了若干水化度与等效龄期成熟度的函数关系式，主要有复合指数式、双曲线式和指数式。

混凝土的各种热力学特性，如绝热温升、导热系数、强度、弹性模量、热膨胀系数等都与水化度有关，且可用水化度来表示。Kim J. K. 指出用来描述水化反应速率的混凝土活化能不是常数，而是不断变化的，并在试验基础上建立了活化能函数。目前有研究对基于水化度的四种水化放热模型做了对比，并推荐在研究中采用复合指数式。Anton K. S. 等建立了基于水化度的导热系数计算模型，计算结果显示混凝土水化过程中导热系数随水化度的增加而减少，Schutter G. D. 和 Reinhardt H. W. 等也得到了相同的结论。不少学者提出了基于 Arrhenius 函数和等效龄期的混凝土抗压强度模型，Hattle J. H. 认为混凝土在由液态向固态转化的过程中泊松比是不断减小的，并提出了基于等效龄期的混凝土泊松比计算式。有三位学者研究混凝土热膨胀系数的变化过程，尽管在早期的变化幅度有所不同，但均承认混凝土水化早期热膨胀系数快速减小，1 天后趋于稳定。1962 年，England G. L. 等通过室内试验研究了徐变度随温度的变化规律。上述研究表明人们对混凝土的水化放热过程及热力学特性的认识已经取得了较大发展，从而提高了对混凝土温度与应力问题的研究水平和数值模拟的可靠性。

1.2.3　水管冷却算法的研究进展

混凝土是热性材料，在浇筑后不久，受水泥的水化反应影响，混凝土温度不断上升，内部温度最高可达 30～70℃；它同时又是一种热惰性材料，内部热量散发慢于表面，形成了内部温度高于表面温度的情形。过大的基础温差和内外温差的存在均易导致降温过程中混凝土的开裂，因此，从根本上防止裂缝出现的方法就是及时地将混凝土内部的热量导出。

自美国垦务局于 20 世纪 30 年代首次将水管冷却技术成功运用于胡佛坝以来，该项技术成为一种有效的坝体温控防裂措施，至今仍被广泛应用于诸多工程。水管冷却的温度场问题是一个复杂的非线性问题，国内外均对其理论基础和数值方法进行了长期的研究。美国垦务局用分离变量法对水管二期冷却问题进行了求解，最终得出了无热源平面问题的严格解答和空间问题的近似解答。朱伯芳利用积分变换对水管一期冷却问题进行求解，得到了有热源平面问题的严格解答和空间问题的近似解答，还提出了水管冷却效果的等效热传导方程、非金属水管冷却计算方法、有限元法等；朱岳明将精确算法应用于多个大体积混凝土温控结构计算中，并取得了很好的效果。麦家煊则把水管冷却的解析解和有限元结合起来求解。

工程应用方面，Roy R. 等曾研究过水管布置方式对冷却效果的影响；朱伯芳研究了聚乙烯冷却水管的等效间距以及高温季节结合水管冷却技术的混凝土表面保温问题；陆阳、陆力讨论了混凝土后期冷却的优化控制；黎汝潮通过现场试验指出塑料管的冷却效果也是比较明显的；朱岳明利用精确算法对混凝土中塑料管冷却效果进行了试验研究，发现并非管径越大冷却效果越好，原因在于管径越大，管壁也就越厚，冷却效果反而越差。

1.2.4　反分析方法的研究进展

　　反分析分为系统辨识和参数辨识。系统辨识是通过量测得到系统的输出和输入数据来确定描述这个系统的数学方程，即模型结构。参数辨识是在模型结构已知的情形下，根据能够测出来的输入和输出，来决定模型中的某些或全部参数。

　　参数辨识是近几年发展较快的年轻学科，在各个领域都引起了重视。根据问题的性质和寻找准则函数极值点算法的不同，参数辨识法可分为正法和逆法。逆法和正法的求解过程相反，它是把模型输出表示为待求参数的显函数，利用此函数关系由模型的量测量来反求待求参数。正法不是利用极值的必要条件求出参数，而是首先对待求参数指定初值，然后反复计算模型输出量，并和输出量测值比较，直到准则函数达到最小值。如果吻合良好，假设的参数初值就是要找的参数值，否则修改参数值，重新计算模型输出值，再和量测值进行比较，直到准则函数达到极小值，此时的参数值即为所要求的值。

　　可以看出，正法和逆法都是寻求准则函数的极小点，但寻求的算法不一样。正法比逆法具有更广泛的适用性，它既适用于模型输出是参数的线性函数的情形，也适用于非线性的情况。逆法需要有较明确的解析解，正法可以采取数值解法，在实际运用中应用更为广泛。目前，常用的正反分析方法有最小二乘法、阻尼最小二乘法、鲍威尔法、单纯形加速法、模式搜索法、变量轮换法、复合形法、可变容差法等，较新的发展较快的还有神经网络分析法、摄动反演分析法、遗传算法等。

　　对于混凝土温度反分析问题，由于热传导的模型结构已知，目前主要研究的是参数辨识。在混凝土温度场计算中，温度参数主要包括水化放热模型参数、热传导参数（导热系数、导温系数、比热、密度）和边界热交换参数。

朱岳明利用试验结果，采用阻尼最小二乘法对温度场的绝热温升计算参数、导热系数、表面热交换系数进行反分析计算。张宇鑫等采用遗传算法对混凝土的绝热温升参数、导温系数和表面热交换系数进行了反分析，采用最优保护策略和二点交叉、对适应性函数进行拉伸的方法对基本的遗传算法进行改进，并用于温度场参数的反分析。李守巨将热传导反问题作为非线性优化问题处理，建立了基于模糊理论的混凝土热力学参数识别方法，并分析了混凝土热力学参数识别结果的统计特性。

总之，混凝土温度参数反分析问题与其他反分析问题具有很多共性，相应的，各种各样的反分析方法都在混凝土温度反问题中得到了应用。对目前的混凝土温控防裂研究来讲，这些方法都是非常有用的。

1.3　主要研究内容及方法

本书的第 1 章主要介绍了目前温控防裂的一些进展，第 2 章主要介绍了温度场、应力场有限元方法和考虑水管冷却大体积混凝土温度场的精细算法和等效算法。

1.3.1　大体积混凝土有限元温度场计算边界条件研究

在温度场有限元计算中，初始条件和边界条件的准确确定是精确计算的基础，本书的第 3 章重点研究温控计算中有限元边界条件，并在以下几个方面做出改进：

（1）提出一种浇筑温度预测方法，该方法无须进行有限元模拟即可精确预测浇筑温度。研究环境温度和老铺筑层混凝土热传导作用对混凝土浇筑过程温度的影响。对所有可能的情况均进行数值模拟并求出相应的系数。采用公式拟合导热系数、导温系数和表面放热系数和混凝土温升系数的关系。提出日平均环境温度和最高环境温度浇筑时段的平均环境温度的计算方法，用于求解日平均浇筑温度和最高浇筑温度。研究混凝土水化放热对混凝土浇筑温度的影响，提出相应的计算公式。

（2）大型混凝土坝工程浇筑铺筑层内部温度分布不均匀。规范规定的混凝土浇筑温度（铺筑层表面以下 10cm 处的温度），并不能代表铺筑层的平均温度。本书提出一种由浇筑温度计算铺筑层平均温度的方法。与直接使用实测浇筑温度作为有限元计算使用浇筑温度相比，将铺筑层平均温度作为有限元计算的浇筑温度，计算结果更为精确，提高了跟踪分析结果的科学准确性。

（3）对于大型水利工程，由于风冷技术、低热水泥和大型机械化施工的应用，混凝土生产到浇筑过程中的温度变化规律和以往有较大不同。本书根据观测结果，建立相应的细观有限元理论，编写程序并计算分析。根据实测结果和细观有限元验证，由于风冷造成的粗骨料、细骨料和砂浆的温度分布不一致，可造成生产、浇筑和运输过程中的混凝土温度场分布不均匀。采用细观有限元分析可以较好地模拟运输、浇筑到铺筑层覆盖过程中的混凝土温度发展。

（4）本书对高拱坝温控仿真中太阳辐射影响进行深入研究，提出一种高效且易于实现的遮蔽满算法，使得计算大体积混凝土施工期和运行温度应力过程中能考虑太阳辐射的影响且不影响计算效率。改进考虑太阳辐射温度场计算方法，实现混凝土施工期考虑太阳辐射温度场精确计算。基于当地的气象条件，在西南地区高拱坝的温控防裂跟踪模拟计算中考虑太阳辐射的影响。计算结果表明，考虑太阳辐射后，坝体部分区域拉应力明显增大。

（5）目前智能化控制需要研发仓面气候自动控制系统，可以在浇筑过程中根据浇筑要求和外界环境温度，实现喷雾设备的自动调节，将混凝土浇筑温度和仓面湿度控制在合理范围内。控制系统中的喷雾模型十分重要。基于此，本书提出一种仓面环境控制模型，研究仓面内外环境和喷雾机运行参数之间的关系。

1.3.2 含水管大体积混凝土温度场研究

对于大坝等大体积混凝土结构，通水冷却时最常见的也是最难以模拟的是温控措施。本章系统地研究了精确算法和埋置单元法，做出以下改进：

（1）本章首先推导了水管附近混凝土温度梯度和水管中心的距离的关系式。由于水和水管壁的对流系数要远大于混凝土和空气的对流系数，因此在水管附近存在一个区域，在这个区域内混凝土温度梯度的方向和水管壁垂直并满足本文提出的关系。该区域的大小和结构的厚度以及结构混凝土材料有关。通过算例，验证了薄壁墙体两侧温度小于 15℃时由墙体两面温差引起的温度梯度可以忽略不计，与水管中心相距一定距离的区域的温度梯度能满足本书提出的水管附近混凝土温度梯度和水管中心的距离的关系；验证了对于非薄壁类混凝土，即使水管布置在边界附近，水管附近一定区域内的混凝土温度梯度和水管中心的距离也能满足本书提出的关系。由于混凝土是热的不良导体，水管附近温度梯度很大且不均匀，但分布规律能很好地满足本书提出的关系式，而距离水管稍远的位置，温度梯度分布相对较为均匀，可利用有限元法求解。计算结果表明该算法能精确计算出水管周围混凝土温度场，该算法还能精确地考虑塑料水管对水管周围混凝土温度场的影响。

（2）研究结果表明，采用埋置单元法进行大体积混凝土温度场计算时，需要采用虚拟的管壁放热系数，才可保障计算的精度。本研究参照精确算法，对埋置单元法的管壁放热系数进行反演分析，发现埋置单元法的管壁放热系数与浇筑温度、外界气温、通水流量、进口水温、混凝土绝热温升及混凝土导温系数均没有关系。埋置单元法的管壁放热系数和混凝土的导热系数有密切关系，对于导热系数不同的混凝土，应选取不同的管壁放热系数进行反演分析。可通过精确算法和埋置单元法对比反演分析，确定不同导热系数情况下的管壁放热系数。

（3）根据含水管混凝土体积大小，对模型网格布置和本书算法的效率进行了分析。应用本书的温度场仿真方法和应力场有限元计算方法对官地大坝垫层的温控防裂方法进行了分析。应用本书提出的计算方法，在精确计算温度场的情况下和对垫层开裂机理的研究基础上，对该垫层的应力场进行了计算分析并提出了相应的防裂方法。

1.3.3 混凝土水化放热的精确模拟

混凝土水化放热是混凝土温控计算的重点问题，也是难点问题，主要涉及环境温度对早龄期混凝土水化放热的影响和长龄期混凝土水化放热影响两个方面。对于混凝土水化放热性能及计算分析模型，进行了以下研究和改进：

（1）通过试验和理论分析进一步研究了混凝土水化放热的性质。所做试验的结果表明，混凝土水化度和 E_a/R（混凝土活化能与气体常数比值）的关系不能被简单认为是常数或是一个固定模式的函数。不同初温的两组混凝土试块得到的水化度和 E_a/R 曲线的变化规律是一致的，但是数值上有所区别。据此提出了一种新的考虑温度历程影响的混凝土水化放热模型。利用这个模型可以应用绝热温升仪获得的混凝土绝热温升曲线计算任何初始温度和边界条件下的混凝土温度场，无须将不同浇筑温度下的绝热温升曲线转化为标准状态下的绝热温升曲线。利用这个模型，本书证明：虽然由不同初温的两组混凝土块得到的水化度和 E_a/R 曲线在数值上有所区别，但在对混凝土温度场的计算中，该区别对温度场计算的精度影响很小。

（2）对于具有相同水化度的混凝土，当水化度 $\alpha \leqslant 0.7$ 时，温度高的混凝土的水化速率明显高于温度低的混凝土的水化速率；但当水化度 $\alpha > 0.7$ 时，温度高的混凝土的水化速率接近甚至低于温度低的混凝土的水化速率。以往的研究表明，早期混凝土的温度高，混凝土的强度增加速率快，但后期强度低于早期温度低的混凝土。混凝土材料水化时，水化生成物会阻碍水化的进行；早期温度高的混凝土水化生成物较为致密，比早期温度低的混凝土更容易阻碍材料后期水化。本书中当水化度 $\alpha > 0.7$ 时，温度高的混凝土的水化速率接近甚至低于温度低的混凝土的水化速率，其原因可能是，在试验后期，早期温度高的试块的水泥胶凝材料的水化受到水化生成物的阻碍要大于早期温度低的混凝土。

（3）基于试验提出，一种考虑混凝土自身温度历程的水化放热模型，讨论了其收敛的充要条件，实现了该算法的迅速收敛，并实现了该算法和半解析有限元迭代逼近水管冷却计算模型的相互耦合。在此基础上，建立混凝土自身温度历程对其力学性能影响模型。工程实例表明，即使对于高热混凝土，该方法也具有很好的收敛性能，且混凝土的自身温度历程对其热学性能和力学性能有较大的影响。

（4）绝热温升仪由于其分辨力引起的误差与仪器精度及混凝土导温系数有关，一般情况下，绝热温升仪能保障的测量精度很难超过 0.06℃/d，故绝热温升仪不能精确测量龄期超过 28d 的混凝土。本书分析了绝热温升仪的误差与试块尺寸及试验龄期的关系，并提出了一种预测长期水化放热的方法。

第 2 章

含水管大体积混凝土温度场计算理论基础

2.1 结构温度场有限元理论基础

混凝土是弱导热体，在自身水化放热过程中，混凝土主要通过表面热传递与外界进行热量交换。热流量是指物体进行热量交换的主要方式。热流量是一定面积的物体两侧存在温差时，单位时间内由导热、对流、辐射方式通过该物体所传递的热量。通过物体的热流量与两侧温度差成正比，与厚度成反比，且与材料的导热性能有关。单位面积的热流量为热流通量。稳态导热就是通过物体的热流通量不随时间改变，其内部不存在热量的蓄积；不稳态导热就是通过物体的热流通量与内部温度分布随时间而变化。

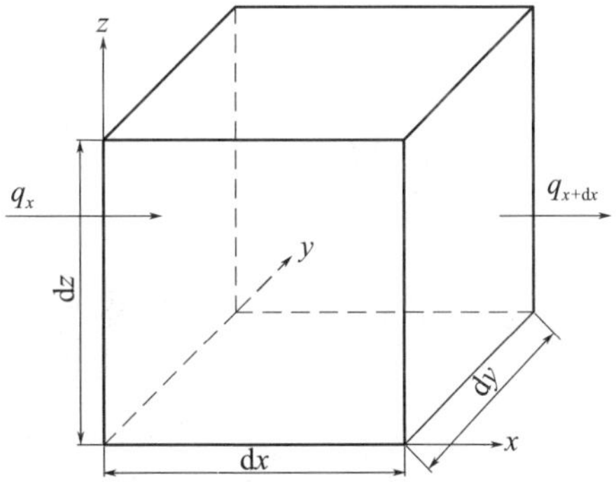

假定混凝土为均质、各向同性的固体，如图 2.1-1 所示。对混凝土内部一无限小的长方体 $dxdydz$ 而言，单位时间内 x 轴方向流入的热量为 $q_x dydz$，流出热量为 $q_{x+dx} dydz$，则单位时间内 x 方向的净热量为

图 2.1-1 热传导示意图

$$Q_x = (q_x - q_{x+dx}) dydz \qquad (2.1-1)$$

在混凝土热传导过程中，热流量 q 的绝对值与温度梯度 $\partial T/\partial x$ 的绝对值成正比，由于热量总是由温度高的地方向低的地方传递，即热流方向与温度梯度方向相反，即

$$q = -\lambda \frac{\partial T}{\partial x} \qquad (2.1-2)$$

式中：λ 为混凝土的导热系数。

在 x 方向上，热流量 q 是 x 的函数，则将 q_{x+dx} 沿 x 方向按泰勒级数展开并取前两项，即

$$q_{x+dx} = -\lambda \frac{\partial T}{\partial x} - \lambda \frac{\partial^2 T}{\partial x^2} dx \qquad (2.1-3)$$

则 x 方向流入的净热量为

$$Q_x = (q_x - q_{x+dx})dydz = k \frac{\partial^2 T}{\partial^2 x} dxdydz \qquad (2.1-4)$$

同理，y 和 z 方向流入的净热量分别为

$$Q_y = (q_y - q_{y+dy})dxdz = k \frac{\partial^2 T}{\partial^2 x} dxdydz \qquad (2.1-5)$$

$$Q_z = (q_z - q_{z+dz})dxdy = k \frac{\partial^2 T}{\partial^2 x} dxdydz \qquad (2.1-6)$$

混凝土是由水泥、水、骨料和掺合料等经水化反应形成的复杂混合物，伴随着水化反应的进行，混凝土不断向外释放热量。假定单位体积混凝土在单位时间内水泥水化反应放出的热量为 Q_{θ}，则该混凝土长方体在单位时间内释放的热量为 $Qdxdydz$。

在时间 $d\tau$ 内，混凝土块 $dxdydz$ 内总热交换为：

$$\sum_{i=1}^{n} Q_i = \left(k \frac{\partial^2 T}{\partial x^2} + k \frac{\partial^2 T}{\partial y^2} + k \frac{\partial^2 T}{\partial z^2} + Q_{\theta} \right) dxdydzd\tau$$

$$(2.1-7)$$

混凝土长方体温度升高为 T 所需要吸收的热量为 Q，即

$$Q = c\rho \frac{\partial T}{\partial \tau} d\tau dxdydz \qquad (2.1-8)$$

式中：c 为比热；ρ 为密度；τ 为时间。

根据热量平衡原理，物体从外界获取的热量与自身水化反应产生的热量等于物体温度升高所需的热量，即 $Q = \sum_{i=1}^{n} Q_i$，

$$c\rho \frac{\partial T}{\partial \tau} d\tau dxdydz = \left(k \frac{\partial^2 T}{\partial x^2} + k \frac{\partial^2 T}{\partial y^2} + k \frac{\partial^2 T}{\partial z^2} + Q_{\theta} \right) dxdydzd\tau$$

$$\frac{\partial T}{\partial \tau} = a\left(\frac{\partial^2 T}{\partial x^2} + \frac{\partial^2 T}{\partial y^2} + \frac{\partial^2 T}{\partial z^2}\right) + \frac{Q_\theta}{c\rho} \tag{2.1-9}$$

根据式（2.1-9），绝热温升条件下，即长方体与周围环境没有热量交换，$a=0$，则式（2.1-9）为

$$\frac{\partial \theta}{\partial \tau} = \frac{Q_\theta}{c\rho} \tag{2.1-10}$$

式中：θ 为混凝土的绝热温升值。

为计算温度场，还需要考虑以下边界条件：

$$\frac{\partial T}{\partial \tau} = a\left(\frac{\partial^2 T}{\partial x^2} + \frac{\partial^2 T}{\partial y^2} + \frac{\partial^2 T}{\partial z^2}\right) + \frac{\partial \theta}{\partial \tau} \qquad \text{（在 } \Omega \text{ 内）}$$

$$T = T_b \qquad \text{（在 } \Gamma_1 \text{ 边界上）}$$

$$\frac{\partial T}{\partial n} = q \qquad \text{（在 } \Gamma_2 \text{ 边界上）}$$

$$\frac{\partial T}{\partial n} = \beta(T_1 - T_2) \qquad \text{（在 } \Gamma_3 \text{ 边界上）}$$

以上式中：$\dfrac{\partial T}{\partial \tau}$ 为温度时间变化率；$\dfrac{\partial T}{\partial n}$ 为边界面法向方向温度梯度；T_b 为边界上的温度；Γ_1 表示第一类边界，Γ_2 表示第二类边界，Γ_3 表示第三类边界，$\Gamma_1 + \Gamma_2 + \Gamma_3 = \Gamma$，$\Gamma$ 为 Ω 的全部边界。

2.2 基于热流量积分的水管冷却大体积混凝土温度场算法

2.2.1 水管内部热交换

在混凝土内部埋设水管进行冷却（图 2.2-1），在水管通水冷却过程中，低温水与混凝土间存在热量交换，单位水管长度吸收的热流量 q 为

$$q = -\lambda \frac{\partial T}{\partial n} \tag{2.2-1}$$

式中：$\dfrac{\partial T}{\partial n}$ 为水管面法向方向的温度梯度；λ 为混凝土的导热系数。

假定水管进水口水温为 T_1，则进水口冷却水热量为

$$\mathrm{d}Q_1 = c_w \rho_w T_{w1} q_w \mathrm{d}t \tag{2.2-2}$$

式中：q_w、c_w 和 ρ_w 为冷却水的流量、比热和密度；T_{w1} 为水管段的

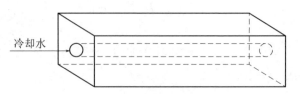

图 2.2 - 1　混凝土中水管冷却示意图

入口水温；t 为时间。

出水口水温为 T_2，则出水口冷却水热量为

$$\mathrm{d}Q_2 = c_\mathrm{w}\rho_\mathrm{w}T_{\mathrm{w}2}q_\mathrm{w}\mathrm{d}t \qquad (2.2 - 3)$$

式中：$T_{\mathrm{w}2}$ 为水管段的出口水温。

如图 2.2 - 2 所示，通过水管壁的热量交换作用，混凝土与冷却水的热量交换为

$$\mathrm{d}Q_\mathrm{c} = \iint\limits_{\Gamma^0} q_i \mathrm{d}s \cdot \mathrm{d}t = -\lambda \iint\limits_{\Gamma^0} \frac{\partial T}{\partial n} \mathrm{d}s \cdot \mathrm{d}t \qquad (2.2 - 4)$$

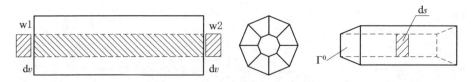

图 2.2 - 2　水管冷却热交换示意图

在混凝土散发热量作用下，水管内部水温变化导致冷却水的热量变化为

$$\mathrm{d}Q_\mathrm{w} = \int c\rho A_\mathrm{p} \left[\frac{\partial T_\mathrm{p}}{\partial t}\mathrm{d}t \right] \mathrm{d}l \qquad (2.2 - 5)$$

式中：T_p 为冷却水温度；A_p 为水管横截面面积。

根据热量平衡条件：

$$\mathrm{d}Q_2 = \mathrm{d}Q_1 + \mathrm{d}Q_\mathrm{c} - \mathrm{d}Q_\mathrm{w} \qquad (2.2 - 6)$$

将式 (2.2 - 2) ～式 (2.2 - 5) 代入式 (2.2 - 6) 后，则有

$$\Delta T_i = -\frac{-\lambda}{c_\mathrm{w}\rho_\mathrm{w}q_\mathrm{w}} \iint\limits_{\Gamma^0} \frac{\partial T}{\partial n} \mathrm{d}s + \frac{A_\mathrm{p}}{q} \int \frac{\partial T_\mathrm{p}}{\partial t} \mathrm{d}l \qquad (2.2 - 7)$$

忽略水管内部冷却水体积随时间的变化，以及通水过程中某一

固定段水温前后变化值，则上式可简化为

$$\Delta T_i = -\frac{-\lambda}{c_w \rho_w q_w} \iint_{\Gamma^0} \frac{\partial T}{\partial n} ds \qquad (2.2-8)$$

$$\frac{\partial T}{\partial n} = \frac{\partial T}{\partial x}\cos\alpha + \frac{\partial T}{\partial y}\cos\beta + \frac{\partial T}{\partial z}\cos\gamma \qquad (2.2-9)$$

式中：α、β、γ 分别为 x、y、z 轴到曲面法线向量 n 的转角。

在已知水管的进水口水温后，通过对每段冷却水水温的逐段求解，可以推求冷却水沿水流方向的温度变化情况，即

$$T_i = T_0 + \sum_{j=1}^{i} \Delta T_j, i = 1,2,3,\cdots,m \qquad (2.2-10)$$

2.2.2 水温精确迭代计算

冷却水温度计算过程中，水管的沿程水温与温度梯度 $\partial T/\partial n$ 有关，因此混凝土内部水管冷却温度场是一个复杂的非线性边界问题。初始迭代过程中，假定水管的沿程水温为入口水温，根据混凝土温度场有限元求解方程，求得温度场的初始解；根据温度场的初始解，计算水管的沿程水温分布；重复上述两种步骤，直至混凝土的温度场和沿程水温趋于稳定，则迭代结束，所求解即为混凝土内部水管冷却精确迭代计算结果。

温度场迭代计算过程中，控制指标值为

$$\max_{i=1,2,\cdots}(|T_i^k - T_i^{k+1}|) \leqslant \varepsilon_T, \varepsilon > 0 \qquad (2.2-11)$$

式中：T_i 为结点 i 的温度；k 为迭代序数；ε 和 ε_T 为迭代阈值。

第3章

混凝土结构温度场初始状态和边界条件

3.1 浇筑温度的预测和分析

　　混凝土温度应力控制措施包括浇筑温度控制措施、通水冷却措施、表面保温措施和坝体分缝等。浇筑温度控制是水工混凝土温度应力控制的最有效措施之一。混凝土的浇筑温度应满足设计要求，混凝土生产至浇筑过程中温度不断发生变化，只有准确计算出这些过程中的温度变化量，才能计算出满足温控需求的出机口温度。现行的水工结构混凝土相关规范中，有关浇筑温度的定义均为上层混凝土覆盖前距离铺筑层表面深度10cm处混凝土的温度。虽然目前已经有混凝土浇筑温度相关的研究，但求解过程较为复杂且浇筑温度的定义和规范规定差异较大。为解决该问题，本书提出一套新的浇筑温度预测方法，以准确便捷地解决该问题。

　　目前浇筑温度估算的现有成果和需要改进的问题如下：

　　（1）外界环境温度计算。混凝土生产到浇筑过程中的温度变化主要是由于外界温度和混凝土温度的差异，精确计算混凝土生产和浇筑过程中的外界温度十分重要。目前外界温度通常按平均气温考虑，较难准确计算浇筑过程中的最高温度，需要进一步研究。

　　（2）出机口温度的计算。出机口温度为混凝土拌和结束时的温度。出机口温度和混凝土原材料温度以及出机口温度控制措施有关。由原材料温度计算出机口温度的计算方法目前已经较为成熟。

　　（3）运输过程中混凝土温度变化的计算方法。混凝土生产后需经过运输吊运才能到达仓面进行浇筑，期间受环境温度等影响会产生温度变化。由出机口温度得到入仓温度的相关计算目前也已经较为完备。

（4）浇筑期间的温度回升，包括平仓期间的温度回升、铺筑过程中的温升和浇筑期间混凝土水化放热温升。平仓期间的温度回升目前已经较为完善，铺筑过程中的温升和浇筑期间水化放热温升需要进一步研究。

根据前人的研究成果和存在的问题，本节对以下问题开展详细的研究：

（1）根据有限元计算结果，推导导温系数、铺筑层厚度、外界气温、铺筑层浇筑时间、导热系数、表面放热系数和铺筑层浇筑期间温度回升等参数的关系式。

（2）研究外界温度的计算方法，为计算最高浇筑温度奠定基础，确保计算结果更符合工程实际。

（3）应用水化度理论估算混凝土浇筑期间混凝土水化放热对浇筑温度的影响，提高浇筑温度计算的准确性。

3.1.1 基本定义和理论基础

3.1.1.1 基本定义

本书出现的专业术语及其含义如下：

（1）混凝土浇筑层：水工混凝土连续浇筑厚度 1.5～4.5m 一层的混凝土后需要间歇 7～14d 再浇筑上一层混凝土。连续浇筑的一层混凝土即为一个浇筑层。

（2）混凝土铺筑层：混凝土浇筑层需要在高度方向上分若干层进行施工，该分层即为铺筑层。例如，铺筑层厚度为 0.5m 时，对于 3.0m 厚的浇筑层，需要分成 6 个铺筑层进行浇筑。

（3）环境温度：混凝土生产、运输和浇筑过程中的气温和太阳辐射引起的温度增量之和。

（4）浇筑温度：上层混凝土覆盖前距离铺筑层表面深度 10cm 处混凝土的温度。

（5）入仓温度：混凝土卸载到施工仓面时的温度。

（6）新铺筑层：正在进行施工作业的铺筑层。

（7）老铺筑层：被新浇筑混凝土覆盖的铺筑层。

（8）铺筑层间歇：混凝土振捣结束至被新浇筑混凝土覆盖的时间。

（9）出机口温度：混凝土拌和结束时的温度。

3.1.1.2　浇筑期间混凝土温度回升计算方法

混凝土生产到浇筑过程中的相关温度计算包括：出机口温度计算，运输过程中的温度变化计算，摊平振捣过程中的温度变化计算，以及浇筑过程中的温度变化计算。目前，浇筑过程中的温度计算已有一定的研究成果。

混凝土浇筑温度 T_p 为

$$T_p = T_i + (T_h + R/\beta - T_i)(\phi_1 + \phi_2) \tag{3.1-1}$$

式中：T_p 为浇筑温度；T_i 为入仓温度；T_h 为气温；R 为太阳辐射；β 为表面放热系数；ϕ_1 为平仓振捣影响系数；ϕ_2 为铺筑层间歇影响系数。

系数 ϕ_1 按式（3.1-2）计算：

$$\phi_1 = kt \tag{3.1-2}$$

式中：t 为混凝土摊平和振捣所需要的时间；k 为经验系数。

在施工过程中最好在现场进行混凝土拌和物温度量测，根据实际量测结果确定系数 k。在缺乏实测资料时，可取 $k = 0.0030$（1/min）。

混凝土在平仓后已形成薄层，因此温度系数 ϕ_2 可按热传导理论计算。假定混凝土薄层为无限大平板，厚度为 L，导温系数为 α，导热系数为 λ，表面放热系数为 β，底面绝热，顶面与空气接触。平板的初始温度为 0℃，铺筑层混凝土振捣结束至铺筑层表面被新混凝土覆盖的时间为 $\Delta\tau$，振捣结束时混凝土温度和气温的温差为 ΔT，可表示为

$$\left.\begin{array}{ll} \text{热传导方程} & \dfrac{\partial T}{\partial \tau} = \alpha \dfrac{\partial^2 T}{\partial x^2} \\[2mm] \text{初始条件　当 } \tau = 0 \text{ 时,} & T = 0 \\[2mm] \text{边办条件　当 } x = 0 \text{ 时,} & \dfrac{\partial T}{\partial x} = 0 \\[2mm] \text{当 } x = L \text{ 时,} & -\lambda \dfrac{\partial T}{\partial x} = \beta(T - \Delta T) \end{array}\right\} \tag{3.1-3}$$

朱伯芳认为 $\Delta\tau$ 时刻铺筑层的平均温度即为 ϕ_2，根据不同的参数量（L、λ/β、α），可采用有限元计算、差分、解析或查表方式求解式（3.1-1）得到 ϕ_2。

在上述研究成果中，浇筑温度定义为铺筑层的平均温度，而目前规范中浇筑温度的定义为铺筑层面以下 10cm 处的温度。依据现有研究成果，无论采用何种计算方法，求解或查询过程均较为复杂，故需要研究新的方法求解浇筑过程中的温度回升问题。

3.1.1.3 环境温度的表达形式

环境温度包括气温和太阳辐射引起的气温增量，朱伯芳建议环境温度可以用以下函数表示：

（1）日气温变化按余弦函数表示：

$$T_a(\tau) = T_{am} + A_a \cos\left(\frac{\pi}{12}\tau\right) \tag{3.1-4}$$

其中：T_{am} 为日平均气温，℃；A_a 为气温日变幅的一半，℃；τ 为时间，h，$\tau=0$ 时刻为一天内气温最高值。

（2）太阳辐射变化按余弦函数表示：

$$S(\tau) = \begin{cases} \dfrac{12\pi S_0 \cos\left(\dfrac{\pi\tau}{P_s}\right)}{P_s} & -\dfrac{P_s}{2} \leqslant |\tau| \leqslant \dfrac{P_s}{2} \\ 0 & |\tau| > \dfrac{P_s}{2} \end{cases} \tag{3.1-5}$$

式中：S_0 为考虑云量影响的日平均太阳辐射，kJ/（m^2·h）；P_s 为日照时间，h；τ 为时间，h，$\tau=0$ 时刻为一天内太阳辐射最高值。

3.1.2 混凝土浇筑过程中的温度变化计算

混凝土浇筑过程中的温度变化即为浇筑温度和入仓温度的差值。影响混凝土浇筑过程中温度的因素包括环境温度、混凝土水化放热和老铺筑层的热传导。浇筑过程分为两个阶段，分别为摊平振捣阶段和铺筑层间歇阶段。

（1）浇筑过程中环境温度对混凝土浇筑温度的影响。假定新浇筑混凝土和老混凝土具有相同的温度，即对于任何厚度 L 的铺筑层均按式（3.1-3）计算，并取 L 为一个很大的值，可忽略老铺筑层的热传导作用。计算铺筑层间歇期间距铺筑层面底部 10cm 位置处混凝土的温度增量。

（2）老铺筑层热传导对混凝土浇筑温度的影响。计算老铺筑层的能混凝土热传导对混凝土浇筑温度的影响。

（3）浇筑过程中温度的变化即环境温度影响和老铺筑层热传导影响的叠加。

3.1.2.1 浇筑过程中环境温度引起浇筑温度变化计算方法

混凝土浇筑期间，外界温度引起的浇筑温度增量可采用迭代方法计算。计算初值按下式考虑：

$$T_{p0} = T_i + \theta(\Delta\bar{\tau}) + (T_a - \theta(\Delta\bar{\tau}) - T_i)(\phi_1 + \phi_2) \quad (3.1-6)$$

式中：T_a 为环境温度，℃；$\theta(\Delta\bar{\tau})$ 为水化放热，℃；T_i 为入仓温度，℃；ϕ_1 为平仓振捣影响系数；ϕ_2 为铺筑层间歇影响系数。

系数 ϕ_1 的计算方法同式（3.1-2）。

浇筑温度通过迭代计算得到，迭代递推计算公式为

$$\left.\begin{aligned}
T_{p1} &= T_i + \theta(\Delta\bar{\tau}) + \left[T_a - \frac{(T_{p估0} + T_1)}{2}\right](\phi_1 + \phi_2) \\
T_{p2} &= T_i + \theta(\Delta\bar{\tau}) + \left[T_a - \frac{(T_{p估1} + T_1)}{2}\right](\phi_1 + \phi_2) \\
&\vdots \\
T_{pn} &= T_i + \theta(\Delta\bar{\tau}) + \left[T_a - \frac{(T_{p估n-1} + T_1)}{2}\right](\phi_1 + \phi_2)
\end{aligned}\right\} \quad (3.1-7)$$

经过计算分析，式（3.1-7）具有很快的收敛速度，当 $n \geqslant 3$ 时即可获得精确的浇筑温度计算值。

3.1.2.2 系数 ϕ_2 的计算方法。

根据目前的施工能力，一个铺筑层的施工时间一般都可以控制在 8h 以内。根据大量的计算分析，L 超过 0.5m 时，老铺筑层对浇筑温度影响可忽略，故取 $L = 0.5m$，方程中 $\Delta T = 10℃$。根据

式（3.1-3），建立有限元网格，求解 ϕ_2。

（1）基本格式的确定。基于有限元分析，计算多种表面放热系数、导热系数和导温系数情况下 ϕ_2 值。根据大量的数据分析，总结认为 ϕ_2 可以用以下公式计算：

$$\phi_2 = \phi_{21}\phi_{22}\Delta\tau \qquad (3.1-8)$$

式中：ϕ_{21} 为表面热交换影响系数；ϕ_{22} 为内部热传导的影响系数。

ϕ_{21} 为表面热交换影响系数，和 λ/β 有关，设

$$\phi_{21} = a(\lambda/\beta)^b \qquad (3.1-9)$$

式中：a 和 b 为待定系数。

ϕ_{22} 为内部热传导影响系数，和导温系数相关，考虑到混凝土密度相差不大，故有

$$\phi_{22} = (dc/\lambda)^e \qquad (3.1-10)$$

式中：d 和 e 为待定系数。

（2）表面热交换影响系数 ϕ_{21} 的确定。本节经过有限元计算分析获得式（3.1-9）的相关系数。计算条件为：①浇筑温度按 0℃ 考虑，外界温度按 10℃ 考虑；②混凝土浇筑模型顶面散热，其余面绝热。

混凝土浇筑模型高度为 0.5m，导热系数为 164kJ/(m·d·℃)，比热为 0.9kJ/(kg·℃)，计算表面放热系数为 100~1200kJ/(m²·d·℃) 情况下，单位时间和单位环境温度和浇筑温度的温度差引起的混凝土温升。

为了便于计算分析，将系数 d 的取值定为 182.2，则 $\phi_{22}=1$。根据计算结果即得到比热 0.9kJ/(kg·℃) 且导热系数取值为 164kJ/(m·d·℃) 时，表面放热系数变化情况下单位温度差引起的单位时间混凝土温升，并由此得到系数 ϕ_{21}。

表 3.1-1 为在浇筑间歇期 $\Delta\tau$ 分别为 3~8h 情况下的 $\phi_{21}\phi_{22}$ 值（$\phi_{22}=1$）。根据计算结果，ϕ_{21} 的取值和铺筑层间歇时间基本无关；但 ϕ_{21} 的取值和 λ/β 取值密切相关。

表 3.1 - 1 **$\phi_{21}\phi_{22}$ 和 λ/β 的关系（$\phi_{22}=1$）**

λ/β	$\phi_{21}\phi_{22}$					
	$\Delta\tau=3h$	$\Delta\tau=4h$	$\Delta\tau=5h$	$\Delta\tau=6h$	$\Delta\tau=7h$	$\Delta\tau=8h$
0.164	0.053	0.053	0.052	0.050	0.049	0.047
0.205	0.045	0.045	0.044	0.043	0.042	0.041
0.273	0.036	0.036	0.035	0.035	0.034	0.033
0.410	0.025	0.025	0.025	0.025	0.024	0.024
0.547	0.020	0.020	0.020	0.019	0.019	0.019
0.820	0.013	0.014	0.014	0.014	0.013	0.013
1.093	0.010	0.010	0.010	0.010	0.010	0.010
1.640	0.007	0.007	0.007	0.007	0.007	0.007

当比热为 $0.9kJ/(kg \cdot ℃)$、导热系数取值 $164kJ/(m \cdot d \cdot ℃)$、$\phi_{22}=1$ 时，可以计算得到 $\phi_{21}=0.01127 (\lambda/\beta)^{-0.844}$，有限元和公式拟合计算结果对比见图 3.1 - 1。式（3.1 - 9）的拟合值和有限元计算值吻合较好。

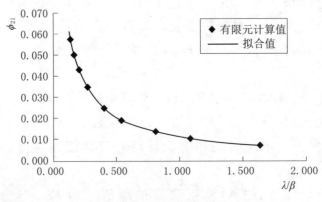

图 3.1 - 1 ϕ_{21} 和 λ/β 的关系

（3）内部热传导影响系数 ϕ_{22} 的确定。本节经过有限元计算分析获得式（3.1 - 10）的相关系数。计算条件为：①浇筑温度按 $0℃$ 考虑，外界温度按 $10℃$ 考虑；②混凝土浇筑模型顶面散热，其余面绝热。

导热系数为 $164kJ/(m \cdot d \cdot ℃)$，表面放热系数为 $600kJ/(m^2 \cdot$

d·℃），计算比热为 0.6～1.2kJ/（kg·℃）情况下单位温度差引起的混凝土温升，并由此得到 ϕ_{22}。

导热系数为 164kJ/（m·d·℃），表面放热系数为 600kJ/（m²·d·℃）时，不同比热情况下 $\phi_{21}\phi_{22}$ 和 ϕ_{22} 的取值见表 3.1-2 和表 3.1-3。根据计算结果可知，ϕ_{22} 和浇筑间歇时间无关，仅和比热相关。

表 3.1-2　　　　　　　　不同比热情况下 $\phi_{21}\phi_{22}$ 的取值

比热	$\phi_{21}\phi_{22}$					
	$\Delta\tau=3h$	$\Delta\tau=4h$	$\Delta\tau=5h$	$\Delta\tau=6h$	$\Delta\tau=7h$	$\Delta\tau=8h$
0.8	0.040	0.040	0.039	0.038	0.037	0.036
0.9	0.036	0.036	0.035	0.035	0.034	0.033
1.0	0.032	0.032	0.032	0.032	0.031	0.030
1.2	0.026	0.027	0.027	0.027	0.027	0.026

表 3.1-3　　　　　　　　不同比热情况下 ϕ_{22} 的取值

比热	ϕ_{22}					
	$\Delta\tau=3h$	$\Delta\tau=4h$	$\Delta\tau=5h$	$\Delta\tau=6h$	$\Delta\tau=7h$	$\Delta\tau=8h$
0.8	1.12	1.12	1.12	1.09	1.09	1.08
0.9	1.00	1.00	1.01	0.99	0.99	0.99
1.0	0.88	0.90	0.93	0.91	0.91	0.92
1.2	0.72	0.75	0.77	0.77	0.79	0.80

导热系数为 164kJ/（m·d·℃），表面放热系数为 600kJ/（m²·d·℃）且 $\phi_{22}=(182.2c/\lambda)^{-0.861}$ 时，有限元计算值和式（3.1-10）拟合计算结果对比见图 3.1-2。

（4）ϕ_2 适用范围的验证。根据式（3.1-8）～式（3.1-10），可以确定 ϕ_2 的取值：

$$\phi_2=0.01127(\lambda/\beta)^{-0.844}(182.2c/\lambda)^{-0.861}\Delta\tau \quad (3.1-11)$$

本书采取了不同的混凝土材料参数验证式（3.1-11）的正确性。表 3.1-4 和表 3.1-5 为表面放热系数为 900kJ/（m²·d·℃）、

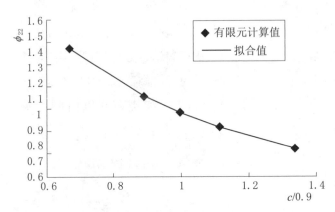

图 3.1－2 ϕ_{22} 和比热的关系（图中点为有限元值，线为拟合值）

导热系数为 164kJ/（m・d・℃） 时不同比热计算得到的 $\phi_{21}\phi_{22}$ 值和 ϕ_{22} 值。表面放热系数取值为 900kJ/（m²・d・℃） 可代表不铺设保温材料的情况。

表 3.1－4　　　　　不同比热计算得到的 $\phi_{21}\phi_{22}$ 值

（表面放热系数 900kJ/（m²・d・℃））

比热	$\phi_{21}\phi_{22}$					
	$\Delta\tau=3h$	$\Delta\tau=4h$	$\Delta\tau=5h$	$\Delta\tau=6h$	$\Delta\tau=7h$	$\Delta\tau=8h$
0.8	0.055	0.055	0.053	0.051	0.049	0.048
0.9	0.049	0.049	0.048	0.047	0.045	0.044
1.0	0.044	0.045	0.044	0.043	0.042	0.041
1.2	0.036	0.037	0.037	0.037	0.036	0.035

表 3.1－5　　　　　不同比热计算得到的 ϕ_{22} 值

（表面放热系数 900kJ/（m²・d・℃））

比热	ϕ_{22}					
	$\Delta\tau=3h$	$\Delta\tau=4h$	$\Delta\tau=5h$	$\Delta\tau=6h$	$\Delta\tau=7h$	$\Delta\tau=8h$
0.8	1.13	1.11	1.11	1.09	1.10	1.08
0.9	1.01	1.01	1.01	1.00	1.01	1.00
1.0	0.90	0.91	0.92	0.92	0.93	0.92
1.2	0.74	0.76	0.78	0.79	0.80	0.80

表 3.1-6 和表 3.1-7 为表面放热系数为 300kJ/（m²·d·℃）、导热系数为 164kJ/（m·d·℃），不同比热计算得到的 $\phi_{21}\phi_{22}$ 值和 ϕ_{22} 值。

根据计算结果，$\phi_{21}\phi_{22}$ 值和 ϕ_{22} 值均与铺筑层浇筑间歇时间无关，且均能较好地用式（3.1-11）拟合。根据现场实测数据的反演结果，表面放热系数取值为 300kJ/（m²·d·℃）可代表铺设保温材料情况。

表 3.1-6　　　　不同比热计算得到的 $\phi_{21}\phi_{22}$ 值

（表面放热系数 300kJ/（m²·d·℃））

比热	$\phi_{21}\phi_{22}$					
	$\Delta\tau=3h$	$\Delta\tau=4h$	$\Delta\tau=5h$	$\Delta\tau=6h$	$\Delta\tau=7h$	$\Delta\tau=8h$
800	0.022	0.022	0.022	0.021	0.021	0.020
900	0.020	0.020	0.020	0.019	0.019	0.019
1000	0.017	0.018	0.018	0.018	0.017	0.017
1200	0.014	0.015	0.015	0.015	0.015	0.015

表 3.1-7　　　　不同比热计算得到的 ϕ_{22} 值

（表面放热系数 300kJ/（m²·d·℃））

比热	ϕ_{22}					
	$\Delta\tau=3h$	$\Delta\tau=4h$	$\Delta\tau=5h$	$\Delta\tau=6h$	$\Delta\tau=7h$	$\Delta\tau=8h$
800	1.10	1.11	1.10	1.13	1.10	1.07
900	0.98	0.99	0.99	1.02	1.00	0.98
1000	0.87	0.89	0.90	0.93	0.92	0.90
1200	0.70	0.73	0.75	0.79	0.78	0.77

除表面散热系数 300kJ/（m²·d·℃）和 900kJ/（m²·d·℃）两种典型情况外，本研究还计算了 λ/β 取值为 0.164～1.64 下的 ϕ_{22} 值，有限元计算结果和式（3.1-11）的拟合结果均一致，故认为式（3.1-11）满足所有情况。

3.1.3　老铺筑层热传导对混凝土浇筑温度影响

考虑到目前混凝土铺筑层厚度基本为 0.3～0.5m，故老铺筑层热传导对混凝土浇筑温度影响可描述为下列计算条件：浇筑温度按 0℃

考虑，外界温度按 10℃ 考虑。混凝土浇筑模型底面散热，其余面绝热。导热系数为 164kJ/（m・d・℃），表面放热系数为 100000kJ/（m² ・d・℃），比热为 0.6～1.2kJ/（kg・℃）情况下，老铺筑层混凝土和入仓温度的单位温度差引起的混凝土温升，即为老混凝土热传导引起的浇筑温度的修正项 ΔT_p。

混凝土浇筑过程中，老铺筑层和入仓温度温差为 1℃ 时，老混凝土热传导影响系数 ϕ_p 取值参见表 3.1-8～表 3.1-10。铺筑层厚度小于 0.3m 时，应专题研究其可行性；铺筑层厚度为 0.3～0.5m 时，热传导修正项取值按插值取值；铺筑层厚度大于 0.5m 时，按照铺筑层厚度为 0.5m 对应的热传导修正项取值确定。

表 3.1-8　　　比热为 0.6kJ/（kg・℃）情况下 ϕ_p 值

$c/0.9$	$\Delta\tau=3\mathrm{h}$	$\Delta\tau=4\mathrm{h}$	$\Delta\tau=5\mathrm{h}$	$\Delta\tau=6\mathrm{h}$	$\Delta\tau=7\mathrm{h}$	$\Delta\tau=8\mathrm{h}$
0.667	0.117	0.161	0.200	0.234	0.263	0.291
0.889	0.082	0.119	0.153	0.183	0.211	0.235
1.000	0.070	0.103	0.135	0.164	0.190	0.214
1.111	0.059	0.091	0.120	0.147	0.173	0.196
1.333	0.044	0.070	0.096	0.121	0.144	0.166

表 3.1-9　　　比热为 0.9kJ/（kg・℃）情况下 ϕ_p 值

$c/0.9$	$\Delta\tau=3\mathrm{h}$	$\Delta\tau=4\mathrm{h}$	$\Delta\tau=5\mathrm{h}$	$\Delta\tau=6\mathrm{h}$	$\Delta\tau=7\mathrm{h}$	$\Delta\tau=8\mathrm{h}$
0.667	0.036	0.060	0.084	0.108	0.132	0.155
0.889	0.020	0.036	0.054	0.072	0.091	0.109
1.000	0.015	0.028	0.044	0.060	0.076	0.093
1.111	0.012	0.022	0.036	0.050	0.065	0.080
1.333	0.007	0.015	0.025	0.036	0.048	0.060

表 3.1-10　　　比热为 1.2kJ/（kg・℃）情况下 ϕ_p 值

$c/0.9$	$\Delta\tau=3\mathrm{h}$	$\Delta\tau=4\mathrm{h}$	$\Delta\tau=5\mathrm{h}$	$\Delta\tau=6\mathrm{h}$	$\Delta\tau=7\mathrm{h}$	$\Delta\tau=8\mathrm{h}$
0.667	0.011	0.021	0.035	0.052	0.070	0.088
0.889	0.005	0.010	0.018	0.028	0.039	0.052

$c/0.9$	$\Delta\tau=3h$	$\Delta\tau=4h$	$\Delta\tau=5h$	$\Delta\tau=6h$	$\Delta\tau=7h$	$\Delta\tau=8h$
1.000	0.003	0.007	0.013	0.020	0.030	0.040
1.111	0.002	0.005	0.010	0.016	0.023	0.031
1.333	0.001	0.003	0.006	0.009	0.014	0.020

最终，得到混凝土浇筑温度为

$$T_p = T_{pn} + \Delta T_p \qquad (3.1-12)$$

式中：T_{pn} 的含义同式（3.1-7），℃；ΔT_p 为老混凝土热传导引起的浇筑温度的修正项，℃。

由老混凝土热传导引起的浇筑温度修正项 ΔT_p 的计算式为

$$\Delta T_p = 0.5(T_p - T_i)\phi_p \qquad (3.1-13)$$

式中：T_p 为老铺筑层温度，℃；T_i 为入仓温度，℃。

3.1.4 混凝土浇筑过程中环境温度计算

3.1.4.1 浇筑期间日平均环境温度的计算

浇筑期间的日平均气温和日均太阳辐射对环境温度的影响可以按照以下方式计算：

浇筑期间日平均外界温度为

$$T_a = T_{am} + \Delta T_a \qquad (3.1-14)$$

式中：T_a 为环境温度，此处为日平均环境温度，℃；T_{am} 为日平均气温，℃；ΔT_a 为太阳辐射引起的日平均环境温度增量，℃。

日平均太阳辐射引起的日平均环境温度增量为

$$\Delta T_a = \frac{k_s S_0}{\beta_a} \qquad (3.1-15)$$

式中：ΔT_a 为太阳辐射引起的日平均环境温度增量，℃；k_s 为混凝土太阳辐射吸收系数，一般取值为 0.65；β_a 为物体表面放热系数，朱伯芳建议取值为 80kJ/(m² · d · ℃)，为考虑云量影响的太阳辐射，单位为 kJ/(m² · h)。

3.1.4.2 最高环境温度浇筑时段的平均环境温度的计算

最高环境温度浇筑时段的平均环境温度为

$$T_a = \overline{T}_{a\,max} + \Delta \overline{T}_{a\,max} \qquad (3.1-16)$$

式中：T_a 为环境温度，此处为最高环境温度浇筑时段的平均环境温度，℃；$\overline{T}_{a\,max}$ 为最高环境温度浇筑时段的平均气温，℃；$\Delta \overline{T}_{a\,max}$ 为最高环境温度浇筑时段太阳辐射引起的平均环境温度增量，℃。

最高环境温度浇筑时段的平均气温可以表示为

$$\overline{T}_{a\,max} = \frac{\int_{-\frac{\tau}{2}}^{\frac{\tau}{2}} T_a(\tau)\,d\tau}{\tau} \qquad (3.1-17)$$

对式（3.1-17）进行积分，则

$$\overline{T}_{a\,max} = T_{am} + \frac{24A_a}{\pi\Delta\tau}\sin\left(\frac{\pi\Delta\tau}{24}\right) \qquad (3.1-18)$$

式中：A_a 为气温日变幅的一半，℃；$\Delta\tau$ 为铺筑薄层间歇时间，h；T_{am} 为日平均气温，℃。

最高环境温度浇筑时段太阳辐射引起的平均环境温度增量为

$$\Delta \overline{T}_{a\,max} = \frac{\int_{-\frac{\tau}{2}}^{\frac{\tau}{2}} k_s S(\tau)\,d\tau}{\Delta\tau\beta_a} \qquad (3.1-19)$$

式中：k_s 为混凝土太阳辐射吸收系数，一般取值为 0.65；β_a 为物体表面放热系数，朱伯芳建议取值为 80kJ/(m² · d · ℃)。

对式（3.1-19）进行积分，有

$$\Delta \overline{T}_{a\,max} = \frac{3k_s S_0}{10\Delta\tau}\sin\left(\frac{\Delta\tau\pi}{2P_s}\right) \qquad (3.1-20)$$

式中，$\Delta\tau$ 为铺筑薄层间歇时间，h；S_0 为考虑云量影响的太阳辐射，kJ/(m² · h)；P_s 为日照时间，h；k_s 为混凝土太阳辐射吸收系数，一般取值为 0.65。

3.1.5　浇筑期间水化热温升

混凝土在浇筑过程中也会产生一定的水化放热并影响浇筑温度。混凝土水化放热可以由绝热温升仪测量。考虑到混凝土水化放热受环境影响较为显著，故需要计算等效龄期，将实际龄期"折算"为绝热温升仪器内试块混凝土的龄期进行计算。

等效水化放热时间为

$$\Delta\bar{\tau}=e^{\left[4500\left(\frac{1}{T_c+273}-\frac{1}{T_1+273}\right)\right]}\Delta\tau \tag{3.1-21}$$

其中，T_c 为绝热温升试块的初始温度，℃；T_1 为入仓温度，℃；$\Delta\bar{\tau}$ 为等效水化放热时间，即绝热温升试验进行的时间；$\Delta\tau$ 为铺筑层间歇时间。

水化放热引起的温度回升为 $\theta(\Delta\bar{\tau})$。$\theta(\Delta\bar{\tau})$ 最好由试验数据直接得到。缺少试验数据但拥有绝热温升拟合公式时候，可依据拟合公式确定水化放热引起的温度回升量。

采用指数形式拟合时，水化放热引起的温度回升为

$$\theta(\Delta\bar{\tau})=\theta_0(1-e^{-a\Delta\bar{\tau}^{-b}}) \tag{3.1-22}$$

式中：θ_0 为绝热温升终值，℃；a 和 b 均为常数，根据绝热温升曲线确定。

采用双曲线形式拟合时，水化放热引起的温度回升为

$$\theta(\Delta\bar{\tau})=\frac{\theta_0\Delta\bar{\tau}}{n+\Delta\bar{\tau}} \tag{3.1-23}$$

式中：θ_0 为绝热温升终值，℃；n 为常数，根据绝热温升曲线确定。

使用式（3.1-21）~式（3.1-23）时应特别注意铺筑层间歇时间的单位，避免出现因时间单位而引起的错误。

3.1.6 混凝土浇筑温度和铺筑层平均浇筑温度的关系

研究一种根据浇筑温度测量值确定铺筑层平均浇筑温度的方法，在实测的浇筑温度基础上，去除水化放热的影响因素，并根据有限元数据拟合平仓振捣结束至铺筑层浇筑结束期间外界环境温度引起的铺筑层平均浇筑温度增量和实测浇筑温度增量的比值，综合考虑入仓温度、混凝土平仓振捣结束至铺筑层浇筑结束期间外界环境温度引起的铺筑层平均浇筑温度增量与该铺筑层的实测点的实测浇筑温度增量的比值、外界环境温度引起的铺筑层平均温度变化量等因素，将平仓振捣结束时混凝土温度与外界环境温度引起的铺筑层温度增量之和作为有限元计算使用的浇筑温度。与直接使用实测浇筑温度作为有限元计算使用浇筑温度相比，这样得出的计算结果更为精确，提高了跟踪分析结果的科学准确性。由于推导方式与前文一致，本处不做过多介绍。

铺筑层平均温度可以表示为：

$$T_{pa} = k\Delta T_{pch} + T_1 \qquad (3.1-24)$$

式中：k 为混凝土平仓振捣结束至铺筑层浇筑结束期间外界环境温度引起的铺筑层平均温度增量与该铺筑层的测量点的实测浇筑温度增量的比值；T_1 为平仓振捣结束时的混凝土温度；ΔT_{pch} 为混凝土平仓振捣结束至铺筑层浇筑结束期间，环境温度引起的铺筑层的测量点的浇筑温度增量。

式（3.1-24）中 k 值的计算方法为

$$k = k_1 k_2 \qquad (3.1-25)$$

$$k_1 = k_{11}(l)k_{12}(t) \qquad (3.1-26)$$

$$k_2 = k_{21}(c,\lambda)^{k_{22}(t)} \qquad (3.1-27)$$

$$k_{11}(l) = 4l^2 - 4.9l + 2.14 \quad 0.3 \leqslant l \leqslant 0.5 \qquad (3.1-28)$$

$$k_{12}(t) = \begin{cases} -0.0072t^3 + 0.1159t^2 - 0.6304t + 2.0435, & 3.0 \leqslant t \leqslant 6.0 \\ 0.88, & 6.0 \leqslant t \leqslant 8.0 \end{cases}$$
$$(3.1-29)$$

$$k_{21}(c,\lambda) = 58.3111\frac{c}{\lambda} + 0.69 \qquad (3.1-30)$$

$$k_{22}(t) = \begin{cases} -0.4t + 2.2, & 3.0 \leqslant t \leqslant 5.5 \\ 0, & 5.5 \leqslant t \leqslant 8.0 \end{cases} \qquad (3.1-31)$$

式中：l 为铺筑层厚度，m；t 为混凝土平仓振捣结束至铺筑层浇筑结束的时间间隔，h；c 为混凝土比热，kJ/(kg · ℃)；λ 为导热系数，kJ/(m² · d · ℃)。

ΔT_{pch} 值的计算方法为

$$\Delta T_{pch} = T_{pc} - \theta(\overline{\Delta\tau}) - \Delta T_p - T_1 \qquad (3.1-32)$$

式中：T_{pc} 为新浇筑的铺筑层的测量点的实测浇筑温度值；$\theta(\overline{\Delta\tau})$ 为水化放热引起的温度回升在前文中有详细的计算方法；ΔT_p 为老混凝土热传导引起的浇筑温度的修正项。

由老混凝土热传导引起的浇筑温度修正项 ΔT_p，计算方法为

$$\Delta T_p = 0.5(T_{pco} - T_{1o})\phi_p \qquad (3.1-33)$$

式中：T_{pco} 为老铺筑层的测量点的实测浇筑温度值；T_{1o} 为老铺筑层

混凝土平仓振捣时混凝土的温度；ϕ_p 为老混凝土热传导影响系数，前文中有详细的计算方法。

3.2 生产运输过程的温度变化模拟

混凝土坝是高坝建设中的主要坝型，中国已建和在建的坝高100m以上的混凝土坝有73座。目前中国正在建设乌东德和白鹤滩等一批特高混凝土坝，未来将建设叶巴滩、QBT等一批高混凝土坝工程。高混凝土坝的优质、安全、高效建设及运行管理是我国坝工领域关注的重大问题。裂缝安全是高拱坝重点关注的问题，温控措施是防止高拱坝开裂的重要措施。

混凝土温度应力控制措施包括浇筑温度控制措施、通水冷却措施、表面保温措施和坝体分缝等。浇筑温度控制是水工混凝土温度应力控制的最有效措施之一。混凝土的浇筑温度应满足设计要求，混凝土从生产至浇筑过程中温度不断发生变化，只有准确计算出这些过程中的温度变化量，才能计算出满足温控需求的出机口温度。

混凝土温度应力控制主要体现在对混凝土温度的过程控制上。混凝土温度控制可分为以下阶段：出机口温度控制、运输和浇筑过程温度控制和浇筑完成后的温度控制。可采取的温控措施包括：①采用风冷和加冰措施控制出机口温度；②采用喷雾和覆盖保温材料的方法控制浇筑温度；③采用通水冷却的方法控制最高温度。目前混凝土温度控制的相关研究主要包括混凝土热力学性能的研究、通水冷却措施的研究和保温措施的研究。浇筑温度控制是混凝土温度控制的重要研究内容，朱伯芳对该领域进行了一系列的研究。目前由于风冷技术、低热水泥拌和混凝土和大规模机械化生产的应用，混凝土从生产到浇筑过程中的温度变化规律与以往相比有较大不同，需要进一步研究。

1) 由于风冷技术的应用，粗骨料、细骨料和砂浆的温度分布不均匀，对混凝土生产和浇筑过程中的温度有较大的影响，对于温度发展规律需要进一步研究。

2) 由于机械化施工的应用，混凝土运输和转运过程中的热量倒灌问题已大幅度减少；摊铺的速度和质量也明显提高，故摊铺过程中的热量倒灌问题也不再明显；但机械化振捣过程中可能产生较大的水化热，需要进一步研究。

由于涉及骨料和砂浆温度分布不均匀等因素，通过常规有限元法已经无法准确分析目前混凝土浇筑和生产过程中的温度变化问题，故采用细观有限元对该问题进行分析。

3.2.1　温度场计算理论和骨料随机投放有限元

混凝土生产、运输和浇筑过程均存在温度回升问题。混凝土生产过程中的温度问题主要是砂浆和骨料之间的热交换问题，运输和转运过程中混凝土温度回升问题，振捣过程中热倒灌的问题，以及平仓后铺筑层的温度回升问题。

本书主要对拌和过程中的温度场、运输过程中的温度场、平仓后混凝土铺筑层的温度场和振捣过程中的温度场进行模拟。

3.2.1.1　拌和过程中的温度场模拟

拌和过程中，砂浆和骨料之间的热传导按以下方程进行：

$$I^e(T) = \iiint\limits_{\Delta R} \left\{ \frac{1}{2} \left[\left(\frac{\partial T}{\partial x} \right)^2 + \left(\frac{\partial T}{\partial y} \right)^2 + \left(\frac{\partial T}{\partial z} \right)^2 \right] \right\} \mathrm{d}x\mathrm{d}y\mathrm{d}z$$

$$(3.2-1)$$

式中：T 为温度场。

式（3.2-1）的有限元格式可以写为

$$\left([H] + \frac{1}{\Delta \tau_n}[R] \right) \{T_{n+1}\} - \frac{1}{\Delta \tau_n}[R]\{T_n\} + \{F_{n+1}\} = 0$$

$$(3.2-2)$$

式中：R 为热容矩阵；H 为热传导矩阵；F 为温度荷载列阵；T 为结点温度列阵；n 为计算步。

可以认为在拌和过程中，砂浆温度是相同的，即砂浆和砂浆之间的热传导可以用所有砂浆的平均温度表示：

$$T = \sum \frac{s_e}{S_{all}} T_e \qquad (3.2-3)$$

式中：S_{all} 为砂浆单元的总体积；s_e 为单个砂浆单元的体积；T_e 为

砂浆单元的平均温度。

计算中的第一步，按式（3.2-1）和式（3.2-2）计算骨料和砂浆的热传导，计算结束后按式（3.2-3）计算砂浆的温度。第二步计算前按式（3.2-1）和式（3.2-2）计算的骨料温度和式（3.2-3）处理后的砂浆温度作为初始温度，再依据（3.2-2）进行有限元计算。后续计算重复第二步计算方法，即可得到拌和过程中的混凝土温度变化。

3.2.1.2 振捣过程中的温度场的模拟

混凝土平仓过程中需要分步对混凝土进行振捣。实测结果表明，平仓后的振捣可使得表层以下 15cm 以内的混凝土温度迅速提升，但对距离表层较远处的混凝土的温度几乎没有任何影响。根据实测结果，距离铺筑层表面 10cm 内的点的温度在振捣结束后温度在较长时间内保持不变，甚至略有下降，由此可见振捣对该处混凝土的温度有较大影响。

混凝土振捣过程中有大量的热量灌入表层附近的水泥砂浆内，灌入的热量和外界环境温度密切相关，灌入的热量随着测点位置与混凝土表面的距离增加而迅速衰减。对于热量的灌入，可以理解为砂浆对周围环境热量吸收的结果，可表示为

$$I^e(T) = \iiint\limits_{\Delta R} \left\{ \frac{1}{2} \left[\left(\frac{\partial T}{\partial x} \right)^2 + \left(\frac{\partial T}{\partial y} \right)^2 + \left(\frac{\partial T}{\partial z} \right)^2 - \frac{1}{\alpha} \left(\Delta\theta - \frac{\partial T}{\partial \tau} \right) T \right] \right\} \mathrm{d}x\mathrm{d}y\mathrm{d}z$$
$$+ \iint\limits_{\Delta C} \left[\frac{1}{2} \bar{\beta} T^2 - \bar{\beta} T_n T \right] \mathrm{d}s \qquad (3.2-4)$$

式中：$\Delta\theta$ 为热量倒灌引起的温度增量。$\Delta\theta$ 取值和外界环境温度以及所在区域与混凝土表层的距离密切相关，和振捣的时间也存在密切关系，统计分析表明，对于乌东德或白鹤滩等巨型工程，在使用低热水泥和机械振捣情况下，热量倒灌引起的温度增量可以表示为

$$\Delta\theta = \Delta T_a c e^{-az^b} \qquad (3.2-5)$$

式中：ΔT_a 为环境温度和振捣前混凝土所在区域的温差；a、b 和 c 均为待定系数。

3.2.1.3 骨料随机投放有限元

混凝土是一种复杂的多相非均质材料。混凝土随机骨料投放技

术是混凝土材料强度计算研究的重点内容。混凝土计算模拟要求粗骨料的形状、尺寸以及分布都要同真实的混凝土在统计意义上一致。在这方面，国外许多学者做了大量工作，Wittmann 等建立了角度和边数都随机选择的多边形不规则骨料模型，并用 Beddow 和 Meloy 的方法自动生成圆形骨料模型。其他研究者都仅仅将骨料假定为圆形或球形。在二维数值混凝土研究领域，最为成熟的方法是王宗敏建立的二维混凝土任意形状骨料随机投放算法。在骨料尺寸和空间分布仿真研究中，众多学者均用骨料投放方式，虽然也有一些三维骨料模型的研究，但骨料都采用简单的球形假定，只有 D. Schutter 和 Taerwe 使用了空间分割填充方法，刘光廷等也尝试过三维骨料投放算法，但并不成熟。

目前混凝土计算强度研究主要在二维领域。对于卵石骨料混凝土，假定骨料为圆形或球形是合适，而且算法简单。但对于一般的碎石骨料混凝土，就需要建立不规则多边形或多面体模型模拟骨料。碎石骨料因其破碎加工工艺，骨料形状基本上呈"凸形"。

3.2.2　细观有限元法预测生产及浇筑过程中混凝土温度变化

3.2.2.1　监测数据

据现场统计资料，某工程混凝土浇筑时间在 7 月，入仓后的混凝土温度为 10～12℃。该工程运输效率较高，且运输均采取覆盖保温措施的大型机械，入仓温度和出机口温度几乎一致。

数据监测时间为 2018 年 7 月 19 日至 26 日，监测时间在中午 11 点至下午 18 点。混凝土被振捣后即开始监测，监测持续至监测点所在位置被新浇筑混凝土覆盖为止，持续时间为 60～120min。监测点与铺筑层表面的距离分别为 10cm、20cm、3cm 和 40cm。各种外界环境及表层混凝土以不同深度的监测点温度发展过程线如图 3.2-1～图 3.2-3 所示。根据对监测资料的分析，可以得到以下规律：

（1）根据观测结果，距离铺筑层表面 0.1m 处的测点的温度在振捣结束后有所下降，其余测点温度较为稳定。该现象说明振捣可使表层附近混凝土温度迅速提升，振捣结束后，受距表层较远处混凝土影响，在一定时期内温度较为稳定甚至出现回落。

（2）振捣结束后，距离铺筑层表面0.2m以下的混凝土浇筑温度分布不均匀，且规律性不明显，差异最大可在1℃左右。

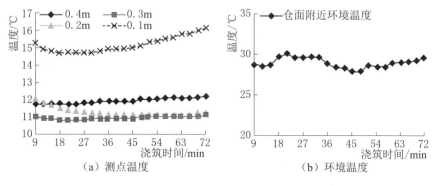

（a）测点温度　　　　　　　　　　　（b）环境温度

图3.2-1　7月20日测点温度和环境温度监测结果

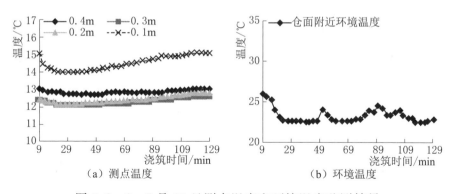

（a）测点温度　　　　　　　　　　　（b）环境温度

图3.2-2　7月23日测点温度和环境温度监测结果

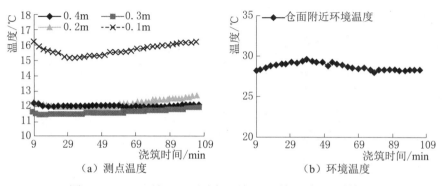

（a）测点温度　　　　　　　　　　　（b）环境温度

图3.2-3　7月25日测点温度和环境温度监测结果

（3）距离铺筑层表面30～40cm混凝土在浇筑过程中的温度变化不大，说明低热混凝土在拌和过程中，由于水化放热引起的浇筑温度提升作用很小，可忽略不计。

（4）振捣过程中的温度回升。振捣可导致表层附近砂浆混凝土热量迅速上升，但对远离表层区域的混凝土的影响较小。对于该工程，经过总结，环境温度和表层附近砂浆温度相差1℃情况下，振捣所形成的温度提升如图3.2-4所示，即式（3.2-5）中的a取值为200，b的取值为3，c的取值为0.2的情况。

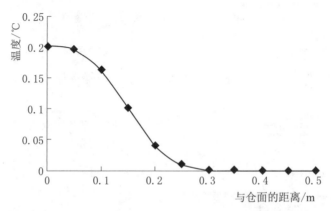

图3.2-4 环境温度和表层附近砂浆温度相差1℃情况下振捣所形成的温度提升

3.2.2.2 拌和过程中温度场模拟及其对铺筑层温度影响

拌和过程中，由于二次风冷的原因，骨料的温度和砂浆的温度并不一致。乌东德夏季浇筑的监测结果表明，细骨料的温度在6℃左右，粗骨料温度可达到−2℃左右，水泥砂浆的温度在22℃左右。为研究骨料和砂浆初始温度对浇筑温度的影响，模拟拌和过程0～3min的温度场。模拟过程中，假定砂浆是流动的，即砂浆的温度是均匀分布的，骨料和砂浆之间为普通的热传导作用，具体的模拟方法见式（3.2-1）～式（3.2-3）。

拌和过后，为研究骨料、砂浆初始温度对混凝土生产、运输和浇筑过程中温度的影响，假定边界条件为绝热边界，研究骨料和砂浆之间的热传导作用以及温度不均匀分布情况。

计算结果如图3.2-5～图3.2-8所示，拌和到浇筑过程中，砂浆的温度和骨料温度不断均化，拌和结束时砂浆温度为12℃，和实测结果基本一致。粗骨料核心温度可低至1℃。后续过程中，骨料和砂浆温度不断均化，但铺筑层内部温度仍有不均匀分布现象，1.5h时仍有0.8℃左右的温差。

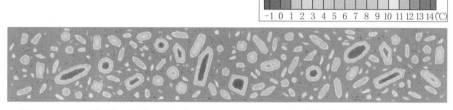

图3.2-5　混凝土拌和过程中0.02h（1.2min）温度场分布（见文后彩图）

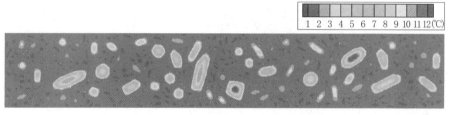

图3.2-6　混凝土拌和过程中0.05h（3.0min）温度场分布（见文后彩图）

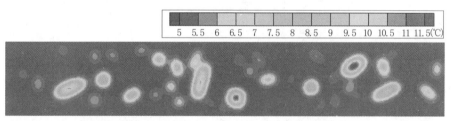

图3.2-7　骨料温度不均对混凝土温度场影响（拌和后0.10h）（见文后彩图）

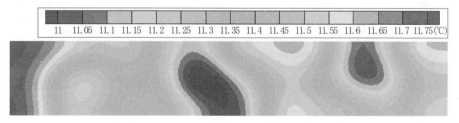

图3.2-8　骨料温度不均对混凝土温度场影响（拌和后1.50h）（见文后彩图）

以上研究可定量说明3.2.2.1节监测数据所反映的现象，即距离铺筑层表面 0.2m 以下的混凝土浇筑温度分布不均匀，且规律性不明显，差异最大可在 1℃ 左右。

3.2.2.3　入仓至浇筑过程中的浇筑温度预测

采用式（3.2-4）和式（3.2-5）即可模拟入仓后的混凝土温度回升问题。采用 3.2.2.2 节的骨料和砂浆温度，不考虑运输过程中的热量变化，对图 3.2-1 环境温度（平均温度 28.95℃）情况下的温度场进行计算。混凝土平仓后 1.0h 进行振捣，经过计算，振捣前的温度分布如图 3.2-9 所示，振捣后的温度如 3.2-10 所示，铺筑层表面以下 10cm 点温度过程线如图 3.2-11 所示。

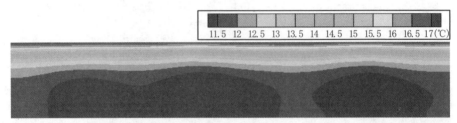

图 3.2-9　混凝土振捣前铺筑层温度分布（见文后彩图）

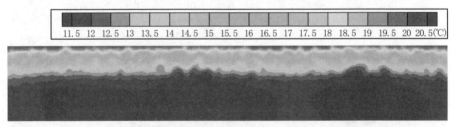

图 3.2-10　混凝土振捣后铺筑层温度分布（见文后彩图）

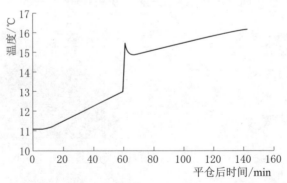

图 3.2-11　混凝土浇筑后表层以下 10cm 处温度发展

根据计算结果，平仓后振捣前，表层以下 10cm 处混凝土和表层以下 40cm 处混凝土温度相差 2℃左右；考虑振捣行为后，距离表层 10cm 经历迅速上升、迅速回落并缓慢继续上升。

以上研究可定量说明 3.2.2.1 节监测数据所反映的现象，即距离铺筑层表面 10cm 处的测点的温度在振捣结束后有所下降，其余测点温度较为稳定。

3.3 太阳辐射的模拟

太阳辐射是地球大气系统最重要的能量来源，直接影响区域气候变化规律和大气状况，关于太阳辐射的研究成果十分丰富。太阳辐射不仅仅影响区域性的气候条件，由于山体和建筑物的相互遮蔽作用、太阳方位角的季节性变化等因素影响，建筑物各个部位接受太阳辐射量值相差较大，由此可能形成不利的温度应力。

无遮蔽情况下，太阳辐射量的计算是太阳辐射计算的重点内容。Angstrom 模型是 1920 年由 Angstrom 提出的第一个模拟计算太阳辐射的模型。Angstrom 模型所需的参数是日照时长，获取比较方便，且模型形式简单，在世界各地广泛应用。但是，Angstrom 模型仅适用于晴天，Prescott 对 Angstrom 模型进行了改进和完善，提出了 Prescott 模型。众多学者以此方程为基础进行了大量的工作，如 Bennet、Davies 和 Penman。上述模型在一定程度上解决了太阳总辐射的计算问题。但是，在有些情况下，直接辐射、散射辐射也是非常重要的因子。Liu 和 Jordan 首次建立了散射辐射和总辐射的关系，可以通过总辐射推求每小时、每天的散射辐射。S. K. Srivastava 解释并分析了 Liu 和 Jordan 模型，指出了该模型的局限性，提出以日照时长同太阳总辐射之比为参数。M. Tiris 等利用 Liu and Jordan 关系式检验了 12 个计算散射辐射的模型。随着研究的进一步发展，更多的模型相继出现，所选的参数涉及辐射、地理、气象等方面，建立的模型也更加全面、客观。应用较多的模型有 ASHRAE 晴空模型、Collares - Pereira&Rabl 模型、Iqbal 模型、Bird 模型、Yang 模型、CEM 模型等。

　　气象学领域对丘陵地区太阳辐射分布的模拟，较早地研究了周围地形的遮蔽影响。Garnier 等和 Williams 等曾提出计算实际地形遮蔽下的太阳辐射算法。傅抱璞较早研究了坡地所能获得的太阳辐射值，主要考虑坡地自身和周围地形的遮挡，获得了一些简单的解析解。宋多魁等将坡面对太阳的地形遮挡分为 6 种情况，分别计算任一坡面上的太阳直接辐射。李占清等提出了一种计算山地辐射的计算机模式，采取一种简化的网格法引入地形遮蔽因子来计算丘陵接收的太阳辐射量。随着地理信息系统（GIS）以及计算机硬件的快速发展，数字高程模型（DEM）逐渐应用到太阳辐射的计算中。Dozier 发展了利用数字高程模型（DEM）模拟太阳辐射的方法，提高了模拟精度，并且提出了能减少运算时间的快速算法。李新等基于 DEM 提出了太阳辐射计算的环日可见因子和全天各向同性可见因子，采用光线追踪算法模拟地形对太阳辐射的遮蔽，并引入了形状因子计算周围地形对坡面的反射辐射。

　　目前，太阳辐射对建筑物温度应力影响的研究也较多。桥梁工程领域，Elbadry 和 Dilger 于 1983 年提出了考虑箱梁顶板两侧外伸悬臂梁对于部分腹板遮蔽作用的太阳辐射计算方法。侯东伟、张君等研究考虑水泥水化热与太阳辐射的混凝土面板温度场数值模拟。安元等研究太阳辐射作用下冻结期衬砌渠道温度场。陈拯、金峰和 Mirzabozorg H. 等研究运行期拱坝受太阳辐射的影响。大型拱坝施工-运行全过程仿真的温控防裂计算需要跟踪整个混凝土坝的浇筑过程，计算步数往往较为庞大，计算效率较为重要。对于大坝温控防裂，需要进行太阳辐射对坝体温度应力影响结构中，耗费节点最大的结构为高拱坝。目前高拱坝温控计算有限元模型计算节点一般为 40 万～80 万个，除去内部面外，结构表面节点在 6 万个左右。温控跟踪仿真计算中，太阳辐射的计算时间需要小于温度场和应力场计算时间，才能满足计算性能的要求。由于每天以及每个时刻太阳辐射被遮蔽的情况都是独立的，太阳辐射的计算使用并行计算的方法并不难实现。理论上，如采用并行算法，如果计算资源充沛，采用任何遮蔽准则计算太阳辐射，均不会影响计算效率。考虑到温控计算所使用的计算机通常为 8～12 核的单机，用于太阳辐射的计算资源如果太大则会严重影响温度场和应力场的计算效率。根据目前单机计算能力，对于 50 万左右节点的有限元网格，如采用单机计算拱坝温度场和应力场，采用单进程计算某个时步，如小于 3min，则太阳辐射的计算不会影响拱坝温度场和应力场计算效率。遮蔽准则的选择对计算效率的影响差异较大，一般而言计算效率高的遮蔽准则编程难度越大，计算过程中越容易出现异常状况导致计算终止；计算效率低的遮蔽准则编程则较为简单，且一般不会出现异常现象导致计算终止。

针对以上问题，本文提出一种高效且简单实现的遮蔽满算法，使得计算大体积混凝土施工期和运行温度应力过程中能考虑太阳辐射的影响且不影响计算效率，改进了考虑太阳辐射温度场计算方法，实现了混凝土施工期考虑太阳辐射温度场精确计算。

3.3.1 太阳辐射计算的研究基础

3.3.1.1 太阳辐射模型

太阳时角（hour angle）h 是 p 点在赤道面上的投影和太阳中心与地球中心连线在赤道面投影的夹角，1h 时角等于 15°时角。根据惯例，上午时角为负，下午时角为正，正午时刻时角为零，日出时时角最小，日落时时角最大，然而一天中日出和日落时时角的量值是相等的。太阳时角可以由当地太阳时间 LST（local solar time）计算得到。而当地太阳时间可以根据当地民用时间 LCT（local civil time）和时差 EOT（equation of time）计算得到，即 LST＝LCT＋EOT。Spencer 给出以 min 计的时差计算公式：

$$EOT = 229.2 \times (0.000075 + 0.001868N - 0.032077\sin N$$
$$- 0.014615\cos 2N - 0.04089\sin 2N) \qquad (3.3-1)$$

式中：$N = (n-1) \times \dfrac{360}{365}$，其中 n 为一年中的某天，$1 \leqslant n \leqslant 365$，$N$ 的单位为度（°）。

进而可求得时角 h：

$$h = \left[T_s + \frac{l - l_s}{15} + \frac{e}{60} - 12 \right] \times 15° \qquad (3.3-2)$$

式中 T_s 为标准时间，在我国即为北京时间；l_s 是北京地区的经度。

太阳赤纬（declination）δ 是太阳中心与地球中心连线和其在赤道面上投影之间的夹角。Spencer 提出的下列方程可用于太阳赤纬的计算（以°为单位）：

$$\delta = 0.3963723 - 22.9132745\cos N + 4.0254304\sin N - 0.3872050\cos N$$
$$+ 0.05196728\sin 2N - 0.1545267\cos 3N + 0.08479777\sin 3N$$

$$(3.3-3)$$

如前所述，可根据太阳高度角 β 和方位角 ϕ 确定太阳在天空中的位置，β 和 ϕ 取决于 l、h 和 δ。

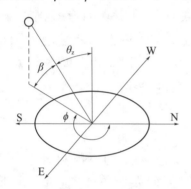

图 3.3 - 1　太阳高度角和方位角

太阳高度角（solar altitude angle）β 是太阳光线与其在水平面上投影之间的夹角（图 3.3 - 1），即太阳光线与水平面之间的夹角，由解析几何可得

$$\sin\beta = \cos l\cos h\cos\delta + \sin l\sin\delta$$

$$(3.3-4)$$

当太阳位于地平圈上时，太阳高度角 $\beta = 0°$，$\sin\beta = 0$，则由式（3.3 - 4）可推算出日出日落的理论时角：

$$\omega_0 = \cos^{-1}(-\tan l\tan\delta) \qquad (3.3-5)$$

太阳天顶角 θ_z（sun's zenith angle）是地平垂线与太阳光线之间的夹角（图 3.3 - 2），显然有

$$\beta + \theta_z = 90° \qquad (3.3-6)$$

太阳方位角（solar azimuth angle）ϕ 是在水平面上，太阳光线在水平面上投影以顺时针方向与北向之间的夹角（见 3.3 - 2），再由解析几何可得

$$\cos\phi = \frac{\sin\delta\cos l - \cos\delta\sin l\cos h}{\cos\beta} \qquad (3.3-7)$$

对某一垂直面或倾斜面而言，太阳光线在水平面上的投影与该面的法线之间的夹角称为表面太阳方位角（surface solar azimuth）γ，如图 3.3 - 2 所示。

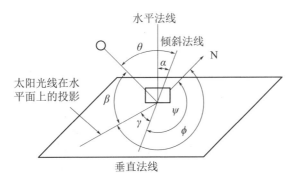

图 3.3 - 2　表面太阳方位角、表面方位角及任一倾斜面的倾角

入射角（angle of incidence）θ 是太阳光线与入射表面法线方向之间的夹角，倾角（the title angle）α 是入射表面法线与水平法线之间的夹角，如图 3.3 - 2 所示，他们有如下关系式：

$$\cos\theta = \cos\beta\cos\gamma\sin\alpha + \sin\beta\cos\alpha \qquad (3.3 - 8)$$

若入射面为垂直面，则

$$\cos\theta = \cos\beta\cos\gamma \qquad (3.3 - 9)$$

若入射面为水平面，则

$$\cos\theta = \sin\beta \qquad (3.3 - 10)$$

3.3.1.2　晴空模型

入射到建筑物表面的太阳总辐射由以下几个部分组成：直射辐射、天空散射辐射和反射辐射。太阳光穿过大气层时，一部分光要被大气中的气体分子、水蒸气分子、云和灰尘粒子所散射，一些辐射被大气层上部的臭氧层吸收，还有一些辐射能被地球附近的水蒸气吸收。那些既没有被散射也没有被吸收而是直接达到地球表面的辐射称为直接辐射（direct radiation），那些散射或再发射的辐射称为散射辐射（diffuse radiation），从一个表面反射到另一个表面的辐射称为反射辐射（reflect radiation）。

1. 直射辐射

ASHRAE 晴空模型给出了晴天地球表面的垂直入射直射太阳辐射强度值：

$$I_{\mathrm{ND}} = \frac{A}{\exp(B/\sin\beta)} C_{\mathrm{N}} \qquad (3.3 - 11)$$

式中：I_{ND} 为垂直入射直射太阳辐射强度，W/m^2；A 为大气质量为零时的太阳辐射强度，W/m^2；B 为大气的消光系数；β 为太阳高度角；C_N 为大气清洁度。

对于任一方位的平面，直射辐射可用清洁度来修正，即

$$I_D = I_{ND}\cos\theta \qquad (3.3-12)$$

式中：θ 为入射角，即太阳光线与平面法线之间的夹角。

如果 $\cos\theta$ 小于零，则没有直射辐射入射到表面，即表面处于阴影中，则任一方位的直射辐射可以表示为

$$I_D = I_{ND}\max(\cos\theta,0) \qquad (3.3-13)$$

2. 散射辐射

ASHRAE 模型假设所有的非垂直面天空均是各向同性，垂直面作为一种特殊情况，采用各向异性天空模型。

非垂直面上的散射辐射为

$$I_{d\theta} = CI_{ND}F_{WS} \qquad (3.3-14)$$

式中：C 为水平面上散射辐射与垂直入射辐射的比值；F_{WS} 为表面对天空的位形系数（configuration factor）或角系数（angle factor），就是一表面所发射的并直接到达另一表面的那部分散射辐射，该系数仅仅是该表面及相关表面的几何参数函数。

$$F_{WS} = \frac{1+\cos\alpha}{2} \qquad (3.3-15)$$

对于垂直表面而言，天空中的散射辐射为

$$I_{d\theta} = \frac{I_{dV}}{I_{dH}}CI_{ND} \qquad (3.3-16)$$

$\dfrac{I_{dV}}{I_{dH}}$ 可用下式近似表示：

$$\frac{I_{dV}}{I_{dH}} = 0.55 + 0.437\cos\theta + 0.313\cos^2\theta \qquad (3.3-17)$$

式中 $\theta > -0.2$；否则，$I_{dV}/I_{dH} = 0.45$。

3. 反射辐射

假定周围环境是漫反射，则入射到表面的反射辐射为

$$I_R = I_{tH}\rho_G F_{WG} \qquad (3.3-18)$$

式中：I_R 为反射到表面的反射辐射，W/m^2；I_{tH} 为落在地面上的总辐射（直射加散射），W/m^2；ρ_G 为地面或水平面的反射率；F_{WG} 为表面对地面的角系数。

$$F_{WG}=\frac{1-\cos\alpha}{2} \tag{3.3-19}$$

4. 总辐射

由式（3.3-13）、式（3.3-14）及式（3.3-18）可知，入射到非垂直表面的太阳总辐射为

$$I_t=I_D+I_{d\theta}+I_R=[\max(\cos\theta,0)+CF_{WS}+\rho_G F_{WG}(\sin\beta+C)]I_{ND} \tag{3.3-20}$$

由式（3.3-13）、式（3.3-16）及式（3.3-18）可得，入射到垂直表面的太阳总辐射为

$$I_t=I_D+I_{d\theta}+I_R=\left[\max(\cos\theta,0)+\frac{I_{dV}}{I_{dH}}C+\rho_G F_{WG}(\sin\beta+C)\right]I_{ND} \tag{3.3-21}$$

由以上 ASHRAE 晴空模型的计算公式可知，主要待定的参数为 A、B、C 和 C_N。Machler 和 Iqbal 给出了每月 21 日的 A、B 值。由于该模型的建立是基于美国地区的辐射数据，因此不一定适用于中国。李锦萍等建立了北京地区的晴天太阳辐射模型，并验证了其适用性。根据其研究成果，A、B、C 的表达式如下：

$$\left.\begin{aligned}A&=1370[1+0.034\cos(2\pi N/365)]\\B&=0.2051-4.05369\times10^{-4}\times N+3.5186\times10^{-5}\times N^2\\&\quad-1.9832\times10^{-7}\times N^3+2.8939\times10^{-10}\times N^4\\C&=7.8763\times10^{-2}-4.2177\times10^{-4}\times N+1.9908\times10^{-5}\times N^2\\&\quad-1.0607\times10^{-7}\times N^3+1.5024\times10^{-10}\times N^4\end{aligned}\right\} \tag{3.3-22}$$

其中 N 为从 1 月 1 日算起的年序日。由式（3.3-22）可以计算出一年中任一天晴空模型的计算参数 A、B、C。大气清洁度 C_N 的值主要取决于当地的大气清洁状况。

3.3.2　一种新的太阳光线遮蔽准则

一般而言，混凝土温控计算均采用六面体单元或五面体单元，

假设 S 为某单元的一个凌空面。遮蔽判断时，S 面的四个节点按逆时针顺序分别为 p_1、p_2、p_3、p_4。用下式表示四个节点 x、y、z 方向的最大值和最小值：

$$ma_i = \max\{s_i(p_1), s_i(p_2), s_i(p_3), s_i(p_4)\} \quad i=1,2,3$$

$$(3.3-23)$$

$$mn_i = \min\{s_i(p_1), s_i(p_2), s_i(p_3), s_i(p_4)\} \quad i=1,2,3$$

$$(3.3-24)$$

其中，$i=1$，2，3 时，$s_i(p)$ 分别表示 p 点的 x、y 和 z 坐标；$i=1$，2，3 时，ma_i 和 mn_i 表示 x、y、z 方向坐标的最大值和最小值。

设太阳光线的向量为

$$\boldsymbol{a} = \{a_i\} \quad i=1,2,3 \qquad (3.3-25)$$

其中，$i=1$，2，3 时，a_i 分别表示 x、y 和 z 方向向量的分量。

设点 k 为表面上的一点：

$$k = \{k_i\} \quad i=1,2,3 \qquad (3.3-26)$$

太阳光线是否被 S 面遮蔽而不能到达 k 点可根据以下方法判断：

（1）步骤1：根据向量的基本知识，太阳光线被 S 面遮蔽而不能到达 k 点的必要条件为

$$\begin{cases} mn_i < k_i, & a_i > 0 \\ ma_i > k_i, & a_i < 0 \end{cases} \qquad (3.3-27)$$

步骤1没有进行乘除法运算，经过步骤1的排除，计算效率至少提高50%，不满足步骤1的面即为非遮蔽面。

设 S 面的方程为

$$Ax + By + Cz + D = 0 \qquad (3.3-28)$$

显然，太阳光线和面 S 的交点（内交点或外交点）为

$$\begin{cases} Ax + By + Cz + D = 0 \\ \dfrac{x-k_1}{a_1} = \dfrac{x-k_2}{a_2} = \dfrac{x-k_3}{a_3} = t \end{cases} \qquad (3.3-29)$$

交点 t 用下式表示：

$$t = \{t_i\} \quad i=1,2,3 \qquad (3.3-30)$$

（2）步骤 2：太阳光线被 S 面遮蔽而不能到达 k 点的另一个必要条件为

$$mn_i \leqslant t_i \leqslant ma_i \qquad (3.3-31)$$

步骤 2 需要进行 5 次加法运算和 1 次除法运算，为该遮蔽准则计算量最大的步骤，但由于只进行一次除法运算，计算效率可以得到保障。

（3）步骤 3：如太阳光线被 S 面遮蔽而无法到达 k 点，经步骤 1 和步骤 2 排除外，还满足以下条件：

将 S 面分为两个三角形面，面积记为

$$st = \{st_i\} \quad i = 1, 2 \qquad (3.3-32)$$

设 t 在三角形 st_i 范围内，且设 t、p_1、p_2 组成三角形的面积为 A_{i1}，t、p_2、p_3 组成三角形的面积为 A_{i2}，t、p_1、p_3 组成三角形的面积为 A_{i3}，那么，如太阳光线被 S 面遮蔽而无法到达 k 点的充要条件为

$$st_i = A_{i1} + A_{i2} + A_{i3} \qquad (3.3-33)$$

尽管式（3.3-33）需要经过数次的乘法运算，但由于整个模型满足步骤 1 和步骤 2 的面往往仅有 1 个，式（3.3-33）在整个计算中应用的次数很少，因此不会影响计算效率。

3.3.3　考虑太阳辐射的混凝土温度场计算方法

在混凝土计算域 R 内任何一点处，不稳定温度场 T 满足以下热传导控制方程：

$$\frac{\partial T}{\partial t} = \alpha \left(\frac{\partial^2 T}{\partial x^2} + \frac{\partial^2 T}{\partial y^2} + \frac{\partial^2 T}{\partial z^2} \right) + \frac{\partial \theta}{\partial \tau}, \qquad \forall (x, y, z) \in R$$

$$(3.3-34)$$

式中：T 为温度，℃；α 为导温系数，m^2/d；θ 为混凝土热量释量，℃；t 和 τ 分别表示时间和龄期，d；R 为计算域。

太阳辐射直接作用于物体表面时（即物体表面没有保温材料的情况下），边界条件为

$$-\frac{\partial T}{\partial n} = \beta_a (T - T_a) - q \qquad (3.3-35)$$

式（3.3-35）可进一步转化为

$$-\frac{\partial T}{\partial n}=\beta_a\left\{T-\left[T_a+\frac{q}{\beta_a}\right]\right\} \tag{3.3-36}$$

显然，太阳辐射的作用相当于物体表面的温度增加了 $\frac{q}{\beta_a}$。

混凝土覆盖保温材料时，太阳辐射作用只是引起保温材料表面温度增加，但对混凝土表面温度的增加为阻碍作用。根据式（3.3-36）以及前人的研究成果，混凝土覆盖保温材料情况下的边界条件为

$$-\frac{\partial T}{\partial n}=\frac{1}{\frac{1}{\beta_a}+\frac{h}{k\lambda}}\left\{T-(T_a+\Delta T_a)\right\} \tag{3.3-37}$$

其中

$$\Delta T_a=\frac{q}{\beta_a}$$

式中：β_a 为保温材料表面的放热系数；h 为保温材料的厚度；λ 为保温材料的导热系数；k 为影响保温材料的湿度和风速影响系数。

当混凝土表面接受的年平均辐射为 R 时，其影响相当于气温增加了 ΔT_a：

$$\Delta T_a=\frac{k_1 k_2 I_t}{\beta_a} \tag{3.3-38}$$

式中：k_1 为吸收系数；k_2 为云影响系数；β_a 为物体表面放热系数。

k_1 一般的取值为 0.65，β_a 只和物体的表面光滑程度相关，一般取值为 $80kJ/(m^2 \cdot h \cdot ℃)$

k_2 可用下式确定：

$$k_2=1-(0.25a_1+0.5a_2+0.65a_3)n \tag{3.3-39}$$

式中：n 为云的遮蔽系数，太阳光线完全被遮蔽时取值为 1，太阳光线未被遮蔽时取值为 0；a_1 为高云量占云量的百分比；a_2 为中云量占云量的百分比；a_3 为低云量占云量的百分比。

$$I(T)=\iiint\limits_R\left\{\frac{1}{2}\left[\left(\frac{\partial T}{\partial x}\right)^2+\left(\frac{\partial T}{\partial y}\right)^2+\left(\frac{\partial T}{\partial z}\right)^2\right]+\frac{1}{a}\left(\frac{\partial T}{\partial t}-\frac{\partial\theta}{\partial\tau}\right)T\right\}dxdydz$$
$$+\iint\limits_C\left[\frac{1}{2}\bar{\beta}T^2-\bar{\beta}T_a T\right]ds \tag{3.3-40}$$

式中：R 为计算域；C 为第三类边界条件面，$\overline{\beta}=\dfrac{1}{\beta_a}+\dfrac{h}{k\lambda}$。

3.3.4 太阳辐射算法的工程实例

3.3.4.1 工程简介

溪洛渡电站位于四川省雷波县和云南省永善县境内金沙江干流上，是一座以发电为主，兼有防洪、拦沙和改善下游航运条件等综合效益的工程。溪洛渡拱坝于 2009 年 3 月开始大坝混凝土浇筑，2014 年 7 月完成整体接缝灌浆，2014 年 10 月水位达到正常蓄水位。

3.3.4.2 遮蔽效果的验证

依据本书算法开发的太阳辐射计算程序，采用实际的地形信息（图 3.3－3）；计算结果与实际结果能够较好地吻合，证实了计算的准确性。图 3.3－4和图 3.3－5 分别为秋季和冬季一天内不同时刻太阳遮蔽计算效果与实际效果的对比，其中红色为太阳直射的区域，蓝色为太阳光线被遮蔽的区域。

图 3.3－3　溪洛渡大坝所处河谷地形

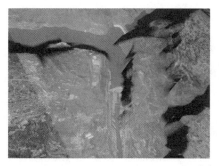

（a）上午10：00

图 3.3－4（一）　秋季（10 月 3 日）不同时刻太阳遮蔽计算效果与谷歌地图效果对比（见文后彩图）

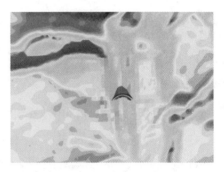

（b）中午12：00

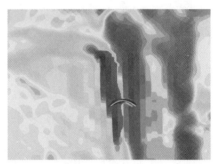

（c）下午4：00

图 3.3-4（二）　秋季（10 月 3 日）不同时刻太阳遮蔽计算效果与
谷歌地图效果对比（见文后彩图）

3.3.4.3　温度场和应力场计算结果

式（3.3-38）中的云影响系数如图 3.3-6 所示，温控计算模型如图 3.3-7 所示，气温实测资料如图 3.3-8 所示。

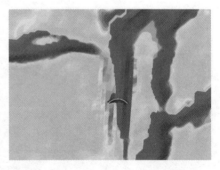

（a）上午10：00

图 3.3-5（一）　冬季（1 月 1 日）不同时刻太阳遮蔽计算效果与
谷歌地图效果对比（见文后彩图）

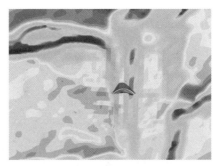

（b）中午12：00

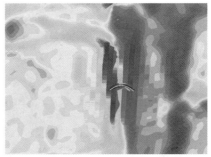

（c）下午4：00

图 3.3-5（二） 冬季（1月1日）不同时刻太阳遮蔽计算效果与
谷歌地图效果对比（见文后彩图）

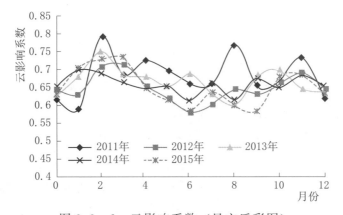

图 3.3-6 云影响系数（见文后彩图）

图 3.3-9 和图 3.3-10 为 2015 年 10 月 3 日和 2016 年 1 月 7 日
的坝体下游表面温度和应力分布。

图 3.3-7 温控计算模型（见文后彩图）

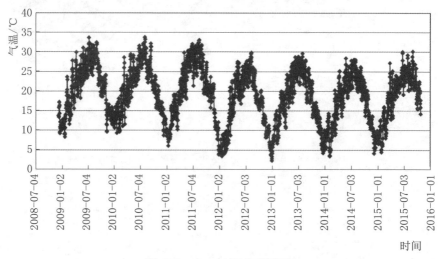

图 3.3-8 气温实测资料

根据计算结果，各个季节太阳辐射对坝体温度和应力的影响差别相差较大，2015年10月坝体下游面左右岸由于太阳辐射导致的温度增量相差不大，2016年1月坝体下游面坝体左岸温度增量明显大于左岸。根据应力场计算结果，太阳辐射对各个区域坝体应力影响相差较大；考虑太阳辐射后，下游面水位线以下区域、坝顶区域和坝体右岸拉应力明显增大；考虑太阳辐射后，坝体左岸部分区域拉应力有所减少。

根据图3.3-10，考虑太阳辐射情况下，坝体顶部部分区域应力可达到2.8MPa左右；和未考虑太阳辐射相比，应力增幅可达到1MPa；该部分坝体较容易开裂，根据实地考察结果，该区域坝体也的确出现表面裂缝问题。这充分说明考虑太阳辐射的坝体全过程仿真具有更高的预测精度。

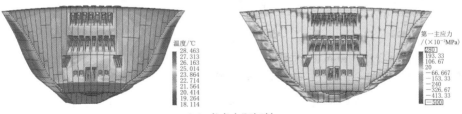

（a）考虑太阳辐射

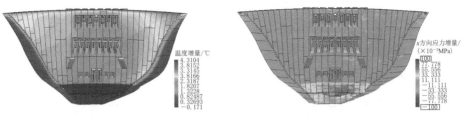

（b）不考虑太阳辐射

图 3.3-9　2015 年 10 月 3 日坝体下游表面温度和应力分布（见文后彩图）

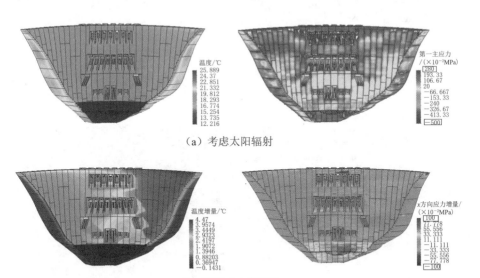

（a）考虑太阳辐射

（b）不考虑太阳辐射

图 3.3-10　2016 年 1 月 7 日坝体下游表面温度和应力分布（见文后彩图）

3.4　喷雾降温效果模拟

水电工程外界环境复杂，许多大坝的坝址所处地区均具有大风、干热和强日照等气象条件，大坝施工时仓面小环境控制难度大，单纯依靠传统的经验方式已无法保障仓面小环境的实时控制，气候条件和地理位置的特殊性决定了必须突破常规的大坝混凝土仓面环境监控模式，才能满足大坝高质量建设的需要。需要研发智能化的喷雾系统，加强施工温控的管理，从而减少危害性裂缝的产生。即需要一套仓面气候自动控制系统，实现浇筑过程中根据浇筑要求和外界环境温度，实现喷雾设备的自动调节，将混凝土浇筑温度和仓面湿度控制在合理范围内。

3.4.1 试验设置

为监测雾化效果，研究喷雾量和温降关系，以及研究喷雾和小环境内部降雨量的关系，为试验仪器的选型做支撑，本研究团队于 2017 年 4 月到 2017 年 9 月进行喷雾相关试验。试验地点在中国水利水电科学研究院大兴试验基地，喷雾机和测点的布置方式如图 3.4-1 和图 3.4-2 所示。试验场地边上有水力学实验室楼，受大楼遮蔽影响，试验场地上午部分区域无阳光照射，中午和下午阳光照射情况较好。为获得准确的试验数据，试验地点需要避免部分区域有阳光而部分区域阴暗情况，故试验主要在中午以后进行。

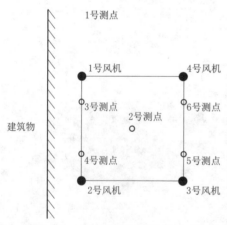

图 3.4-1 喷雾试验仪器布置

图 3.4-2 大兴试验基地喷雾
试验实景图

本试验采用的喷头内径为 1.2mm，喷头数量为 33 个。试验采用 4 台喷雾机，喷雾机间距 20m，并布置 4 个温度测点，其中 1 号测点监测外部环境温度，2 号测点为内部环境中心点，其余测点距离风机 5m。

3.4.2 喷雾与环境降温的关系

本小节研究喷嘴孔径为 0.5mm 时喷雾过程中的雨量和降温情况。试验采用 4 台喷雾机，喷雾过程中喷雾机左右摆动，喷雾机间距 20m，喷雾机垂直方向的角度为水平向下 7°。喷头的数量为 60 个，研究不同喷雾量和风机频率情况下，喷雾形成的内部环境和外部环境的温差以及喷雾形成的雨量。

混凝土浇筑后温度的升高包含两部分，即浇筑过程中气温和混凝土的温差引起的温度升高和太阳辐射引起的混凝土温度升高。

将气温和太阳辐射引起的温度回升之和定义为环境温度。考虑到喷雾可明显降低气温，但喷雾并不能有效消除太阳辐射造成的影响。选取喷雾形成的小环境的中心点为研究对象，那么内部环境和外部环境温差为

$$\Delta T = \varphi_{ew}(\Delta T_{ew} - \Delta T_r + T_z) \qquad (3.4-1)$$

式中：ΔT 为喷雾形成的小环境的中心点温度降低幅度，℃；ΔT_{ew} 为环境温度和水温的温差，℃；ΔT_r 为太阳辐射引起的物体表面温度增量，℃；φ_{ew} 为温差比，假定为一常数；T_z 为水汽蒸发引起的温度降低，℃。

太阳辐射引起的物体表面温度增量可表示为

$$\Delta T_r = \varphi_r R_a \qquad (3.4-2)$$

式中：R_a 为太阳辐射值，W/m^2；φ_r 为太阳辐射温升系数。

太阳辐射半个小时测试一次，9 月 14 日太阳辐射波动幅度较大，计算分析时采用平均太阳辐射，其余时刻采取线性插值的方法估算太阳辐射。2017 年 9 月 9 日和 10 日部分时刻 4 号边角点温度测量失效。在此基础上，根据观测结果，采用 60 个 0.5mm 孔径喷头的情况下，测量数据具有以下规律：

（1）外界气温高且太阳辐射明显时，地面完全干燥；夜间且空气湿度大时，喷雾可造成地面略微湿润。但无论何种情况，喷雾过程中均未能监测出雨量，符合规范规定要求，对混凝土浇筑

质量无影响。

（2）喷雾过程中可增加空气湿度，抵消太阳辐射和环境温度所造成的水分蒸发，稳定水灰比。喷雾可明显降低环境温度，为仓面作业工人营造舒适的施工环境，有利于仓面施工作业。

（3）喷雾过程中，中心点的温度为一条较为平缓的直线。四周测点的温度在喷雾过程中可能出现较为剧烈的波动。

（4）太阳辐射对物体表面温度影响较大，且喷雾很难降低太阳辐射所造成的影响。太阳辐射减弱期间，无论外部环境还是喷雾形成的内部环境，所有温度测点的温度均迅速降低。根据数据分析结果，式（3.4-2）的太阳辐射温升系数 $\varphi_r=0.005$。

基于以上分析，根据式（3.4-1）和式（3.4-2）计算出温差比 φ_{ew} 值，总结各种情况下温差比的平均值，汇总于表 3.4-1～表 3.4-3。

表 3.4-1　　　　　各种情况下的温差比

试验编号	喷雾量/(m³/h)	风机频率/Hz	温差比	平均湿度/%	备 注
1	0.93	30	0.39	46	9月9日中午
2	0.93	30	0.42	49	9月9日下午
3	0.93	50	0.50	46	9月10日中午
4	0.96	40	0.82	60	9月11日晚
5	0.96	40	0.50	46	9月12日下午
6	0.66	40	0.29	42	9月13日中午
7	0.55	40	0.36	49	9月13日下午
8	0.47	40	0.20	37	9月14日中午
9	0.75	47	0.42	40	9月14日下午

表 3.4-2　　　　　不同喷雾量情况下的温差比

喷雾量/(m³/h)	风机频率/Hz	温差比	湿度/%	修正温差比
0.96	40	0.42	46	0.50
0.66	40	0.29	42	0.32
0.47	40	0.20	37	0.24

表 3.4-3	不同风机频率下的温差比	
喷雾量/(m³/h)	风机频率/Hz	温差比
0.93	30	0.39
0.93	40	0.48
0.93	50	0.50

表 3.4-1 所列的数据中，9 月 11 日晚上数据较为异常，在喷雾量 0.96m³/h 和风机频率 40Hz 的情况下，温差比数值可达到 0.82；在风机频率较低且喷雾量没有提高的情况下，所测的温差比明显高于 9 月 10 日中午和 9 月 12 日下午的观测结果。喷雾过程中温差比虽然波动较大，但除 9 月 11 日晚上和 9 月 14 日下午外，温差比均在平均值两侧波动，可均化处理；9 月 11 日晚上和 9 月 14 日下午，伴随喷雾过程，温差比明显增加。综合而言，除 9 月 11 日晚上和 9 月 14 日下午外，其余数据均有较好的规律性。理论上，温差比应为一条直线，但考虑以下因素，温差比出现一定程度的波动：

(1) 温差比和风速有密切关系，本次试验期间，根据气象记录和实地间断性测试，试验地的风速较大，9 月 11 日晚上和 9 月 14 日傍晚基本无风，故出现温差比异常情况。

(2) 太阳辐射半个小时测试一次，9 月 14 日测量过程中云量变化较大，测试的太阳辐射可能出现和实际太阳辐射差异较大情况，对温差比出现波动也可造成一定的影响。

根据表 3.4-2，风速在 1~4 级的情况下，喷雾量小于 1.0m³/h 的情况下，喷雾量和温差比的关系为线性关系。根据表 3.4-3，在风机频率为 30~50Hz 的过程中，风机频率越高，温差比越大，但风机频率达到 50Hz 后，温差比趋于平稳，温差比和风机频率呈指数关系。

根据观测结果，在外界气温与水温的温差小于 18℃，喷雾量小于 1.0m³/h、外界环境湿度 35%~50%、风速为 1~2 级的情况下，喷雾量和温差比的关系可以表示为

$$\varphi_{ew}=1.1(0.572Q_w-0.0395)(1-e^{-2.4\phi_w^{1.25}}) \tag{3.4-3}$$

式中：Q_w 为喷雾量，m^3/h；ϕ_w 为风机频率除以 50，风机频率的单位为 Hz。

表 3.4-4 为四周测点的平均温度和中心温度的差值。根据表 3.4-4，中心温度明显低于四周温度，四周点的温度和中心点温度差异并没有明显规律，两者之间的最大温差为 2.42℃，最小温差为 0.5℃，平均温差为 1.26℃。考虑到四周点与中心点的距离为 9.41m，并认为温度降低的幅度和与风机的距离为线性分布，则任意位置的温度降低可表示为

$$\Delta T_r = \Delta T + 0.134 D_f \qquad (3.4-4)$$

式中：ΔT_r 为任意位置的温降幅度；ΔT 为中心处的温降幅度；D_f 为测点位置和风机的距离。

表 3.4-4　　各种情况下四周温差和中心温差的差异

试验编号	喷雾量/(m³/h)	风机频率/Hz	温差/℃	平均湿度/%	备 注
1	0.93	30	1.62	46	9月9日中午
2	0.93	30	1.00	49	9月9日下午
3	0.93	50	0.50	46	9月10日中午
4	0.96	40	0.82	60	9月11日晚上
5	0.96	40	0.50	46	9月12日下午
6	0.66	40	2.19	42	9月13日中午
7	0.55	40	1.83	49	9月13日下午
8	0.47	40	0.42	37	9月14日中午
9	0.75	47	2.42	40	9月14日下午

3.5　本章小结

在温度场有限元计算中，初始边界条件的确定十分重要，本书在以下几个方面做出改进。

（1）提出一种浇筑温度预测方法，该方法无须进行有限元模拟即可精确预测浇筑温度。研究环境温度和老铺筑层混凝土热传导作用对混凝土浇筑过程温度的影响。对所有可能的情况均进行数值模拟并求出相应的系数。采用公式拟合导热系数、导温系数和表面放

热系数与混凝土温升系数的关系。提出日平均环境温度和最高环境温度浇筑时段的平均环境温度计算方法，用于求解日平均浇筑温度和最高浇筑温度。研究混凝土水化放热对混凝土浇筑温度的影响，提出相应的计算式。

（2）大型混凝土坝工程浇筑铺筑层内部温度分布不均匀。规范规定的混凝土浇筑温度（铺筑层表面以下 10cm 处的温度），并不能代表铺筑层的平均温度。本书提出一种由浇筑温度计算铺筑层平均温度的方法。与直接使用实测浇筑温度作为有限元计算使用浇筑温度相比，该方法将铺筑层平均温度作为有限元计算的浇筑温度，计算结果更为精确，提高了跟踪分析结果的科学准确性。

（3）对于大型水利水电工程，由于风冷技术、低热水泥和大型机械化施工的应用，混凝土生产到浇筑过程中的温度变化规律和以往有较大不同。本书根据观测结果，建立相应的细观有限元理论，编写程序并计算分析。根据实测结果和细观有限元验证，由于风冷造成的粗骨料、细骨料和砂浆的温度分布不一致，可造成生产、浇筑和运输过程中的混凝土温度场分布不均匀。采用细观有限元分析可以较好地模拟运输、浇筑到铺筑层覆盖过程中的混凝土温度发展。

（4）本书对高拱坝温控仿真中太阳辐射影响进行深入研究。提出一种高效且简单实现的遮蔽满算法，使得计算大体积混凝土施工期和运行期温度应力能考虑太阳辐射的影响同时不影响计算效率。改进考虑太阳辐射温度场计算方法，实现混凝土施工期考虑太阳辐射的温度场精确计算。基于当地的气象条件，在西南地区高拱坝的温控防裂跟踪模拟计算中考虑太阳辐射的影响。计算结果表明，考虑太阳辐射后，坝体部分区域拉应力明显增大。

（5）目前智能化控制需要研发仓面气候自动控制系统，可以在浇筑过程中根据浇筑要求和外界环境温度，实现喷雾设备的自动调节，将混凝土浇筑温度和仓面湿度控制在合理范围内。控制系统中的喷雾模型十分重要。基于此，本书提出一种仓面环境控制模型，研究仓面内外环境和喷雾机运行参数之间的关系。

第4章

含水管大体积混凝土
温度场计算方法

4.1 水管周围混凝土的温度空间梯度特性及对应算法

水管冷却广泛应用于各种建筑物中，如室内空调、核电站的冷却、大体积水工建筑物的温控防裂等。由于水管周围温度梯度大而且很不均匀，准确计算含水管大体积混凝土温度场较为困难，特别是含水管的新浇筑混凝土温度场计算。

目前有许多等效算法，如朱伯芳的含水管大体积混凝土温度场等效算法已经应用于大坝的温度场计算，并取得了很好的效果。但这些算法未充分考虑水管周围温度场的特性，而薄壁结构温度应力的精确计算往往要依赖于此。水管的离散迭代算法能计算水管周围的温度场问题，但由于水管周围温度梯度大而且分布不均匀，如没有大量的节点也很难反映出水管周围温度场的特性。

根据水管周围温度梯度的特性，本书提出一种新的计算方法（半解析有限元迭代逼近法），即使采用的节点数量较少，该算法也能精确计算水管周围温度场和沿程水温。同时该计算方法还能精确计算塑料水管周围混凝土的温度场。

4.1.1 水管周围混凝土温度场特性

由于水和水管壁的对流系数要远大于混凝土和空气的对流系数，因此在水管附近存在一个区域，在这个区域内混凝土温度梯度的方向和水管壁垂直。该区域的大小和结构的厚度有关。根据混凝土温度梯度的方向是否和水管壁垂直，可将混凝土划分为两个区域，区域 A 内混凝土温度梯度的方向与水管壁垂直，设该区域与水

管中心的距离小于 r_d，其余为区域 B，如图 4.1-1～图 4.1-3 所示。r_d 的取值决定于结构的厚度等，对于渡槽等薄壁结构（壁厚小于 1.0m），$r_d=0.1$m。而对于混凝土坝等大体积低热混凝土结构，r_d 的取值有时甚至可以在 0.25m 以上。但当水管较长且通水过程需要换向时，r_d 如过大则会出现较大误差，本书中的算例以及其他工程实例表明，实际计算时 r_d 取值为 0.1m 可满足要求。

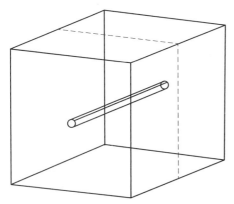

图 4.1-1　含水管的大体积混凝土

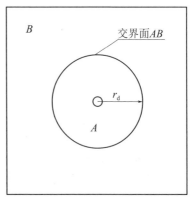

图 4.1-2　水管周围混凝土

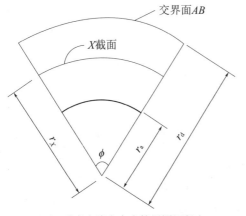

（a）垂直水流方向水管周围混凝土

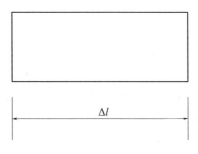

（b）水管段沿水流方向的长度

图 4.1-3　水管附近混凝土的典型断面

图 4.1-2 为图 4.1-1 中的特征断面，图 4.1-3 为该特征断面的一部分。如图 4.1-2 和图 4.1-3 所示，设某圆柱截面半径为 r_X（X 截面），r_a 为水管外壁半径，在弧度为 φ 范围内，$\Delta\tau$ 时间内流

经 X 截面的热量 Q_4 可以表示为

$$Q_4 = Q_1 + Q_2 - Q_3 \qquad (4.1-1)$$

式中：Q_1 为区域 B 混凝土在 $\Delta\tau$ 时间内经过区域 A 和区域 B 的交界面 AB 传给区域 A 混凝土的热量；Q_2 和 Q_3 分别为距离水管 r_X 和 r_d 之间的混凝土 $\Delta\tau$ 时间内水化热释放热量和由于混凝土温度升高而吸收的热量。

距离水管中心 r_X 到 r_d 范围内的混凝土在时间 $\Delta\tau$、顺水流方向长度 Δl 内由于水化放热所释放的热量 Q_2：

$$Q_2 = \frac{\Delta\theta_a c_c \rho_c \varphi (r_d^2 - r_X^2) \Delta l}{2} \qquad (4.1-2)$$

式中：$\Delta\theta_a$ 为 $\Delta\tau$ 时间内绝热温升增量；c_c 为混凝土的比热；ρ_c 为混凝土的密度。

距离水管中心 r_X 到 r_d 范围内的混凝土在时间 $\Delta\tau$、顺水流方向长度 Δl 内由于温度升高而吸收的热量 Q_3：

$$Q_3 = \frac{\Delta\theta_b c_c \rho_c \varphi (r_d^2 - r_X^2) \Delta l}{2} \qquad (4.1-3)$$

其中，$\Delta\theta_b$ 为 $\Delta\tau$ 时间内距离水管中心 r_X 到 r_d 范围内的混凝土温度增量。

因此，Q_4 计算式为

$$Q_4 = Q_1 + \frac{(\Delta\theta_a - \Delta\theta_b) c_c \rho_c \varphi (r_d^2 - r_X^2) \Delta l}{2} \qquad (4.1-4)$$

同时，设 N_X 是 X 截面上某点的温度梯度，λ 为混凝土的导热系数，在弧度为 φ 范围内，$\Delta\tau$ 时间内通过 X 截面的热流量也可以表示为

$$Q_4 = \lambda N_X \varphi r_X \Delta l \Delta\tau \qquad (4.1-5)$$

因此，区域 A 内的温度梯度满足：

$$N_x = \frac{2Q_1 + (\Delta\theta_a - \Delta\theta_b) c_c \rho_c \varphi (r_d^2 - r_X^2) \Delta l}{2\lambda \varphi r_X \Delta l \Delta\tau} \qquad (4.1-6)$$

混凝土的水化放热可以用多种表达式，本书用指数公式表示（也可以采用其他水化放热表），则在 $\Delta\tau$ 内水化放热满足：

$$\Delta\theta_a = \theta_0 ab\tau^{b-1} e^{-a\tau^b} \Delta\tau \qquad (4.1-7)$$

把式（4.1-7）带入式（4.1-6），则有

$$N_X = \frac{2Q_1 + (\theta_0 a b \tau^{b-1} e^{-a\tau^b} \Delta\tau - \Delta\theta_b) c_c \rho_c \varphi (r_d^2 - r_X^2) \Delta l}{2\lambda \varphi r_X \Delta l \Delta\tau}$$

$$(4.1-8)$$

对于 $\Delta\theta_b$，只要 r_d 足够小，其在 $\Delta\tau$ 时刻内可以认为是一个常量。本书中的算例以及其他工程实例表明，实际计算时（包括水温和浇筑温度相差达到 25℃、通水过程中定期换向等情况），r_d 取值为 0.1m 可满足要求）。

4.1.2　薄壁结构水管周围温度梯度研究算例

混凝土薄壁结构（图 4.1-4），诸如渡槽的墙体结构，一般采用强度较高的混凝土浇筑，故水化热一般较高。墙体结构的长宽比一般很大，如长度能达到 30m 以上，但宽度只有 0.5m。这类长墙体结构的裂缝比较常见，浇筑初期的内外温差和浇筑后期的基础温差往往是造成这些裂缝的主要原因。为了减小裂缝发生的可能性，水管冷却技术目前已广泛用于各种薄壁结构的施工中。

对于薄壁结构，除了冷却水管外，墙体临空面也是主要的散热途径。如图 4.1-5 所示，水管附近的混凝土温度梯度可以分解成两个部分，其中温度梯度 N_1 由两侧墙体的温差引起，而 N_2 则是由混凝土与水的温差导致的。当墙体两面温度相差不大时，墙体两面温差对水管周围混凝土温度梯度的影响可以忽略。由于区域 A 内的混凝土与水管壁的距离小于区域 A 与墙体边界的距离，且管壁的对流

图 4.1-4　薄壁结构示意

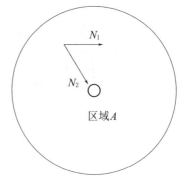

图 4.1-5　水管周围的温度梯度

系数远大于墙体边界与外界的对流系数，区域 A 内任意一点的温度梯度均能满足式（4.1－9）。

区域 A 的范围还和式（4.1－9）中的假定有关，即对于 $\Delta\theta_b$，只要 r_d 足够小，其在 $\Delta\tau$ 时刻内可以认为是一个常量。

下面采用常规的有限元法验证 $r_d=0.1\mathrm{m}$ 能够满足这些要求。

4.1.2.1　算例 1

该算例的目的是验证墙体区域 A（$r_d\leqslant0.1\mathrm{m}$）内任意一点的温度梯度能满足式（4.1－8）。计算模型为一墙体，长、宽、高分别为 5.5m、0.5m 和 1.5m，计算网格如图 4.1－6 所示。距离地面 0.45m 和 1.05m 处分别布置两根铁管。图 4.1－7 为水管附近混凝土单元网格图。混凝土浇筑后即开始通水，通水温度为 5℃，外界气温为 25.0℃。混凝土的浇筑温度为 30.0℃。绝热温升（℃）公式为

$$\theta_a(\tau)=60.0\left[1-e^{-0.52\tau^{1.41}}\right]$$

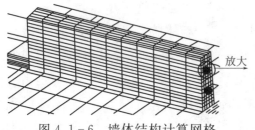

图 4.1－6　墙体结构计算网格

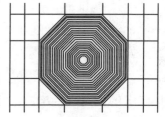

图 4.1－7　水管附近混凝土单元布置

材料的其他热学参数见表 4.1－1。

表 4.1－1　　　　　　　　　材料的其他热学参数

材料	导热系数/［kJ/(m·h·℃)］	导温系数/(m²/h)	比热/(kJ/kg·℃)
薄壁结构	228.5	0.079	1.10
地基	166.1	0.100	0.55

图 4.1－8（a）中的特征断面为墙体长度方向上的对称面。由于温度梯度随着空间方向和时间的变化而变化，不同的空间方向和时间的温度梯度均可能不同。为了更好地分析水管周围温度梯度特性，选

取了三个不同的空间方向［$\omega=0$、$\omega=45$ 和 $\omega=90$，见图 4.1-8（b）］和三个不同的龄期（$t=0.5$d、$t=3.0$d 和 $t=10.0$d），对水管周围混凝土温度梯度沿管径方向的分布进行了研究。

图 4.1-9 中的计算值为有限元法计算的值，图中拟合值表示用式（4.1-8）拟合有限元计算值得到的结果。由计算结果可见，对于不同的 ω 值和不同的通水时间，在 $r_d=0.1$m 范围内任意一点的温度梯度能很好地符合式（4.1-8）。由此可见，对于使用高热混凝土的薄壁结构，采用冷却水管措施时且 $r_d=0.1$m 时，通水冷却过

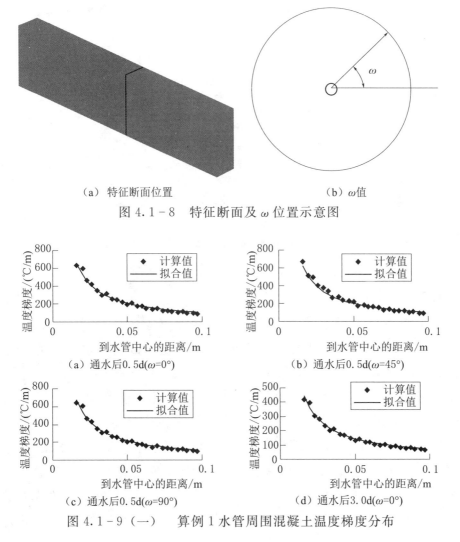

（a）特征断面位置　　　　　　　　（b）ω 值

图 4.1-8　特征断面及 ω 位置示意图

（a）通水后 0.5d（$\omega=0°$）　　　　（b）通水后 0.5d（$\omega=45°$）

（c）通水后 0.5d（$\omega=90°$）　　　　（d）通水后 3.0d（$\omega=0°$）

图 4.1-9（一）　算例 1 水管周围混凝土温度梯度分布

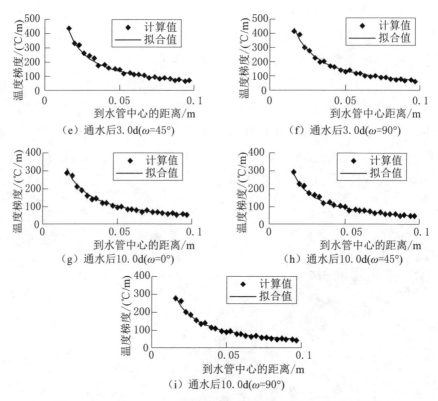

图 4.1-9（二） 算例 1 水管周围混凝土温度梯度分布

程中，水管对 A 区混凝土的影响始终大于外界环境对 A 区混凝土的影响，且区域 A 内混凝土的 $\Delta\theta_b$ 可以认为是一个常数。

4.1.2.2 算例 2

该算例是为了验证：在墙体左右两侧气温相差 15℃ 的情况下，区域 A（$r_d \leqslant 0.1m$）内任意一点的温度梯度和该点到水管中心的距离能很好地符合式（4.1-8）。

计算模型及参数同算例 1。计算中，墙体左侧气温取 15℃，右侧气温取 30℃，通水条件和其余边界条件也同算例 1，计算结果如图 4.1-10 所示。由计算结果可知，对于不同的 ω，和不同的通水时间，在 $r_d \leqslant 0.1m$ 范围内任意一点的温度梯度与其和水管中心的距离能很好地符合式（4.1-8）。对于大多数工程，由于日照等方面的原因，墙体两侧的环境温度可能会有所不同，但环境温度的偏差

对区域 A 温度梯度的分布影响很小，在墙体两侧温差15℃范围内，区域 A 温度梯度的分布能很好地符合式（4.1-8）。

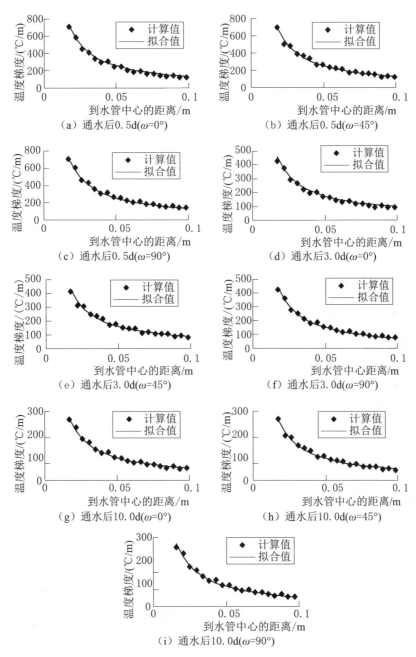

图 4.1-10　算例 2 水管周围混凝土温度梯度分布

4.1.3　非薄壁结构水管周围温度梯度研究算例

对于大坝等非薄壁类混凝土结构，水管间距一般在 1.0～1.5m 之间。该类型混凝土内部受环境影响很小，即使是靠近表面的水管附近混凝土，A 区域混凝土温度的梯度也能很好地符合式（4.1-8）。

算例 3 的计算模型长宽高分别为 5.5m、2.0m 和 2.0m，如图 4.1-11 所示。混凝土右侧表面环境温度为 15℃，其余面的环境温度和浇筑温度均取为 30℃。混凝土内铺设 4 根冷却水管，距离地面 0.5m 和 1.5m 处各布置两根，通水温度 5.0℃，混凝土浇筑后即开始通水。图 4.1-12 为与通水方向垂直的截面，该截面距离水管进口 3m，水管的位置和混凝土表面的环境温度如图 4.1-12 所示。混凝土材料参数同算例 1。

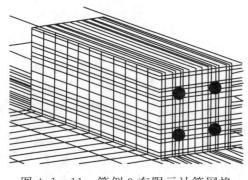

图 4.1-11　算例 3 有限元计算网格

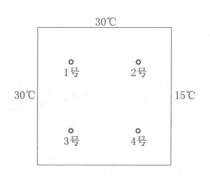

图 4.1-12　水管布置及环境温度

计算结果如图 4.1-13 所示，由计算结果可见，对非薄壁结构混凝土，即使在边界附近，A 区混凝土温度梯度也能很好地符合公式（4.1-8）。

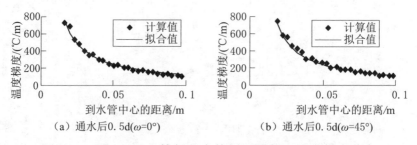

（a）通水后 0.5d（$\omega = 0°$）　　　（b）通水后 0.5d（$\omega = 45°$）

图 4.1-13（一）　算例 3 水管周围混凝土温度梯度分布

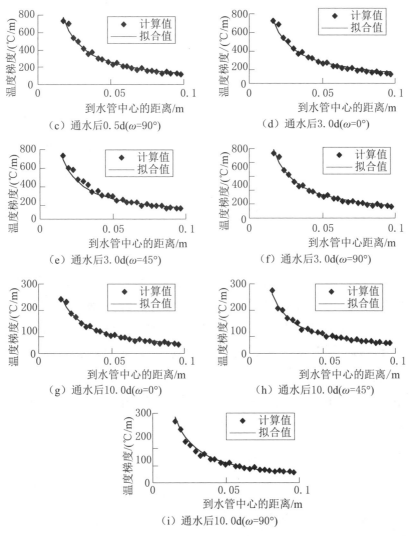

图 4.1 - 13（二） 算例 3 水管周围混凝土温度梯度分布

4.1.4 离散水管模型迭代求解混凝土温度场的误差产生原因分析

离散水管模型的基本理论见本书第 2 章。

由于水管周围混凝土温度梯度大且分布不均匀，采用离散迭代方法精确计算含水管大体积混凝土温度场时，往往需要用很小尺寸的单元（即下文中的细网格）来模拟水管周围的混凝土，故需要大量的单元。而实际施工中混凝土结构往往体积庞大，整体计算模型需要大量的单元来模拟，对计算机硬件条件要求很高，往往难以实现。而采用尺寸较大的单元（下文中的粗网格）模拟水管周围混凝土单元，在水管周围的温度场误差往往较大。误差形成的原因主要有两个方面。

由式（4.1-17）可知，水管段的水温增量和温度梯度 $\frac{\partial T}{\partial n}$ 有密切关系，只有 $\frac{\partial T}{\partial n}$ 计算准确才能保证水管段水温增量计算准确，从而保证水管沿程水温计算准确。即用来模拟水管周围混凝土温度场单元内的温度梯度准确，才能保证沿程水温计算准确。

以下证明，垂直于水管壁方向的单元尺寸要很小，否则将造成沿程水温的计算的较大误差。

如图 4.1-3 所示，受与水管距离 r_X 和 r_d 之间混凝土的影响，单位时间内通过 X 截面的热量，要比通过水管内壁的热量略小。即对 X 截面（截面位置见图 4.1-3）进行热流量积分计算沿程水温，水管段的水温增量要小于对水管内壁进行热流量积分计算水管段内的水温增量。

如果用 8 节点空间 6 面体单元模拟水管附近混凝土时，单元内部温度梯度为常数，设为 N。如果对截面 X 进行积分求解沿程水温，则有

$$\Delta T_{wXi} = \frac{-2\pi\lambda N r_X}{c_w \rho_w q_w} \tag{4.1-9}$$

选取水管壁作为积分截面，则有

$$\Delta T_{wPi} = \frac{-2\pi\lambda N r_P}{c_w \rho_w q_w} \tag{4.1-10}$$

当选取两截面计算沿程水温，沿程水温比为

$$\frac{\Delta T_{wPi}}{\Delta T_{wXi}} = \frac{r_P}{r_X} \tag{4.1-11}$$

显然，r_X 和 r_P 很接近时，才能保证沿程水温的计算精度。即只有水管周围单元尺寸远小于水管半径时，用 8 节点空间 6 面体单元模拟水管附近混凝土，才能保证计算精度达到高精度要求。而实

际计算时，受单元形态和计算机性能的限制，水管周围单元的尺寸远小于水管半径是不可行的。因此，采用离散迭代法很难正确地计算沿程水温。

由于水管附近混凝土温度梯度很大且不均匀。为了准确模拟水管附近混凝土温度场，采用离散迭代法求解含水管大体积混凝土温度场时，水管附近混凝土单元垂直于水管管壁方向尺寸要很小。无论是在单元内部还是单元与单元的交界面，当水管壁四周混凝土单元垂直于水管壁方向的尺寸过大时，均有可能出现较大误差。

算例 4 是为了说明采用细单元模拟水管周围混凝土单元的精度要明显优于用粗单元模拟水管周围混凝土单元。计算参数及水管布置同本章算例 1。水管附近混凝土单元垂直于管壁方向的尺寸分别取 0.045m（算例 1）和 0.15m（算例 4）。算例 4 模型及水管周围混凝土网格布置如图 4.1－14 所示。计算结果如图 4.1－15 所示。很显然，水管周围混凝土网格尺寸对计算精度有较大的影响。尽管算例 4 水管周围混凝土网格尺寸仅 0.15m，但和尺寸 0.045 相比，计算结果仍存在较大的误差。

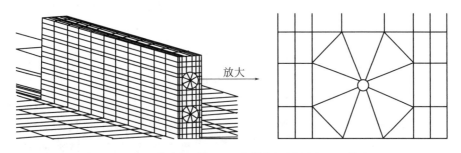

图 4.1－14　算例 4 模型及水管周围混凝土网格布置

4.1.5　算法的提出

由于混凝土是热的不良导体，因此在水管附近温度梯度（区域 A，见图 4.1－16）很大且不均匀，但分布规律能很好地满足式（4.1－8）。而距离水管稍远的位置，温度梯度分布比较均匀；即使采用较大尺寸的单元，单元内部的温度梯度也可以认为是一个常

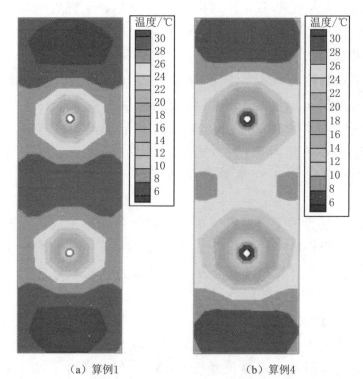

（a）算例1　　　　　（b）算例4

图 4.1-15　浇筑第 2 天特征断面温度分布（见文后彩图）

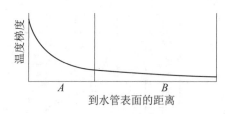

图 4.1-16　温度梯度与到水管
表面距离关系

数。为了更好地模拟温度场，根据含水管大体积混凝土温度场的这些特性，笔者在离散迭代计算方法的基础上提出了一种新的算法，该算法满足了各个区域混凝土温度场温度梯度的特点，能在少量节点的前提下，精确地模拟含水管大体积混凝土温度场和水管的沿程水温，故能够广泛应用于各种含水管大体积混凝土温度场的工程计算。

4.1.5.1　B 区域混凝土模拟方法

B 区域混凝土温度梯度较小且较均匀；即使采用较大尺寸的单元，单元内部的温度梯度也可以认为是一个常数，故 B 区混凝土可以用八节点六面体单元模拟，等参单元形函数如下：

$$N_i = \frac{1}{8}(1+\xi_i\xi)(1+\eta_i\eta)(1+\zeta_i\zeta) \quad (i=1,2,3,\cdots,8)$$

$$(4.1-12)$$

4.1.5.2 金属水管周围 A 区域混凝土模拟方法

对于 A 区域混凝土，如采用常规有限元法，则必须用大量单元模拟，需要大量的节点，但 A 区域混凝土温度梯度能很好地符合式（4.1-8）。设水管和混凝土的交界面为交界面 PC，那么交界面 AB 和交界面 PC 之间的温度差可以表示为

$$\Delta T_{i1} = \int_{r_a}^{r_d} \frac{2Q_1 + (\theta_0 ab\tau^{b-1}\,\mathrm{e}^{-a\tau^b}\Delta\tau - \Delta\theta_b)c_c\rho_c\varphi(r_d^2 - r_X^2)\Delta l}{2\lambda\varphi r_X\Delta l\Delta\tau}\,\mathrm{d}r_X$$

$$(4.1-13)$$

对公式（4.1-13）积分：

$$\Delta T_{i1} = \frac{-2\lambda\ln\left(\dfrac{r_d}{r_P}\right)\iint\limits_{\Gamma^{AB}}\dfrac{\partial T}{\partial n}\mathrm{d}s\Delta\tau + (\theta_0 ab\tau^{b-1}\,\mathrm{e}^{-a\tau^b}\Delta\tau - \Delta\theta_b)c_c\rho_c\varphi\left[r_d^2\ln\left(\dfrac{r_d}{r_P}\right) - \dfrac{1}{2}(r_d^2 - r_P^2)\right]\Delta l}{2\lambda\varphi\Delta l\Delta\tau}$$

$$(4.1-14)$$

如图 4.1-17 所示，某节点（非水管进出口处节点）同时属于 4 个单元，分别为单元 1、单元 2、单元 3、单元 4；ab、bc 面为混凝土 A 区域和 B 区域的界面。根据式（4.1-14），可以求出单元 1 上 ab 面的温度与水温的温差为 ΔT_{ab1}，单元 2 上 ab 面的温度与水温的温差为 ΔT_{ab2}，单元 3 和单元 4 上 ab 面的温度与水温的温差分别为 ΔT_{ab3} 和 ΔT_{ab4}，则该节点与水温的温差为

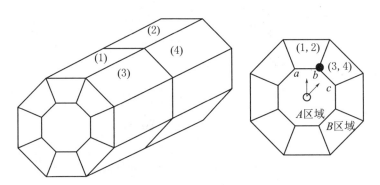

图 4.1-17 某节点附近单元

$$\Delta T_i = \frac{\Delta T_{ab1} + \Delta T_{ab2} + \Delta T_{bc3} + \Delta T_{bc4}}{4} \qquad (4.1-15)$$

根据热流量平衡的原理，在 A 区域和 B 区域的交界面进行热流量的积分，并考虑 A 区域混凝土水化热和自身温度变化对沿程水温的影响，则水管段内水温的增量可以表示为

$$\Delta T_{wi} = \frac{-\lambda \iint\limits_{\Gamma^{AB}} \frac{\partial T}{\partial n} ds \Delta\tau + Q_2 - Q_3}{c_w \rho_w q_w \Delta\tau} \qquad (4.1-16)$$

式中：Γ^{AB} 表示交界面 AB。

结合式（4.1-2）、式（4.1-3）、式（4.1-8）和式（4.1-16），则

$$\Delta T_{wi} = \frac{-2\lambda \iint\limits_{\Gamma^{AB}} \frac{\partial T}{\partial n} ds \Delta\tau + \sum_{k=1}^{m} \left[(\theta_0 ab\tau^{b-1} e^{-a\tau^b} \Delta\tau - \Delta\theta_b) c_c \rho_c \varphi_k (r_d^2 - r_P^2) \Delta l_i \right]}{2c_w \rho_w q_w \Delta\tau}$$

$$(4.1-17)$$

式中：Δl_i 为沿水流方向第 i 段水管的长度；m 为每个水管横截面周围一圈的混凝土单元数。

水管内壁直接与水接触，因此可以认为水管内壁的温度即为水温，那么 A、B 两区域接触面每个节点顺水流方向的温度分布 T_{si} 为

$$T_{si} = T_{w0} + \sum_{j=1}^{j} \Delta T_{wj} + \Delta T_i \qquad (4.1-18)$$

式中：T_{w0} 为水管入口水温。

$\Delta\theta_b$ 可以用以下方法计算：

通水期间，在 τ 时刻，在不考虑 $\Delta\theta_b$ 的影响下，交界面 AB 和交界面 PC 之间的温度差可以表示为

$$\Delta T_{i1}^{est} = \frac{2Q_i \lambda \ln\left[\frac{r_d}{r_P}\right] + \theta_0 ab\tau^{b-1} e^{-a\tau^b} c_c \rho_c \varphi \left[r_d^2 \ln\left[\frac{r_d}{r_P}\right] - \frac{1}{2}(r_d^2 - r_P^2) \right] \Delta l \Delta\tau}{2\lambda \varphi \Delta l \Delta\tau}$$

$$(4.1-19)$$

通水期间，在不考虑 $\Delta\theta_b$ 的影响下，水管段内的温度增量可以用以下公式表示：

$$\Delta T_{\text{w}i}^{\text{est}} = \frac{-2\lambda \iint\limits_{r^{AB}} \frac{\partial T}{\partial n} \mathrm{d}s + \sum\limits_{k=1}^{m} \left[\theta_0 ab\tau^{b-1} \mathrm{e}^{-a\tau^b} c_c \rho_c \varphi_k (r_d^2 - r_P^2) \Delta l_i \right]}{2c_w \rho_w q_w}$$

$$(4.1-20)$$

通水期间，在 $\Delta\tau$ 时段内，区域 A 和区域 B 交界面的温差变化可以表示为

$$\Delta T_{AB}^{\text{est}} = \left\{ T_{\text{w}0} + \sum_{j=1}^{i} \Delta T_{\text{w}i}^{\text{est}} + \Delta T_{i1}^{\text{est}} \right\}_{\tau+\Delta\tau} - \left\{ T_{\text{w}0} + \sum_{j=1}^{i} \Delta T_{\text{w}i}^{\text{est}} + \Delta T_{i1}^{\text{est}} \right\}_{\tau}$$

$$(4.1-21)$$

通水期间，根据 $\Delta T_{\text{w}i}^{\text{est}}$ 就可以求出 A 区混凝土的平均温度为

$$T_{\tau}^{\text{aver}} = \left\{ T_{\text{w}0} + \sum_{j=1}^{i} \Delta T_{\text{w}j}^{\text{est}} + \frac{2}{(r_d^2 - r_P^2)} \int_{r_P}^{r_d} \left[\frac{\Delta T_{i1}^{\text{est}}}{\ln\left(\frac{r_d}{r_P}\right)} \ln\left(\frac{r_X}{r_P}\right) r_X \right] \mathrm{d}r_X \right\}$$

$$(4.1-22)$$

对式（4.1-22）进行积分计算，有

$$T_{\tau}^{\text{aver}} = \left\{ T_{\text{w}0} + \sum_{j=1}^{i} \Delta T_{\text{w}j}^{\text{est}} + \frac{2\Delta T_{i1}^{\text{est}}}{(r_d^2 - r_P^2)\ln\left(\frac{r_d}{r_P}\right)} \left[\frac{1}{2}\ln\left(\frac{r_d}{r_P}\right) r_P^2 - \frac{1}{4}(r_d^2 - r_P^2) \right] \right\}$$

$$(4.1-23)$$

通水期间 $\Delta\theta_b$ 值（不含该水管通水后的第一个计算时步）为

$$\Delta\theta_b = T_{\tau+\Delta\tau}^{\text{aver}} - T_{\tau}^{\text{aver}} \qquad (4.1-24)$$

通水初始时刻的 $T_{\tau=0}^{\text{aver}}$ 已知，故该水管通水后的第一个时步也可计算。同样，A、B 两区域接触面的温度 T_{si} 也需要迭代。求解第一次迭代时可以假定整个冷却水管沿程的内壁和区域 A 与区域 B 交界面上的温度均等于冷却水的入口温度，求出温度场的近似解，再利用式（4.1-17）、式（4.1-18）求出沿水流方向水管内壁的温度分布和沿水流方向区域 A 与区域 B 交界面上的温度分布，重复以上过程直到获得稳定解。由于第一次迭代前水管内壁和和区域 A 和区域 B 交界面上的温度均等于水管进口水温，小于稳定解，故第一次迭代计算出的管壁的温度梯度将大于稳定解，第一次迭代计算出的管内壁和和区

域 A 和区域 B 交界面上的温度也将高于稳定解；而第二次迭代前管壁内壁和和区域 A 和区域 B 交界面上的温度即为第一次迭代后的管内壁和和区域 A 和区域 B 交界面上的温度，第二次迭代计算出的管壁内壁和和区域 A 和区域 B 交界面上的温度将低于稳定解。同理，第奇数次迭代计算出的管内壁和和区域 A 和区域 B 交界面上的温度都将大于稳定解，而第偶数次迭代计算出的管内壁和和区域 A 和区域 B 交界面上的温度都将小于稳定解。设第 $n-1$ 次迭代后的区域 A 和区域 B 交界面上的温度为 $\{T_{n-1}\}$，第 n 次迭代后的区域 A 和区域 B 交界面上的温度 $\{T_n\}$，$\{(T_{n+1}+T_n)/2\}$ 作为第 $n+1$ 次迭代前的区域 A 和区域 B 交界面上的温度，则计算结果更容易接近于稳定解，收敛的速度也将提高。

4.1.5.3　当水管材料为塑料时 A 区域混凝土模拟方法

对于不稳定温度场而言，混凝土温度随时间不断变化，因此求解混凝土温度场需要知道温度场的初始条件。初始条件是在混凝土初始瞬间温度场的分布规律，一般初始瞬时的温度分布是已知的，即 $T=T_0(x,y,z,0)$。在混凝土温度场有限元仿真计算过程中，混凝土的初始温度即为初始浇筑温度，而地基初始温度场由实测得到或对地基原始温度场进行有限元仿真计算后给出近似解。

此外，根据与外界热量交换方式和影响因素的不同，混凝土温度场的边界条件主要分为以下 4 类：

（1）一类边界。若混凝土表面温度已知，且为时间的函数，即

$$T=f_1(\tau) \qquad (4.1-25)$$

此时混凝土边界温度为给定温度，通常将混凝土与水接触的表面假定为一类边界进行计算。

（2）二类边界。当混凝土表面与外界的热流量已知，而且可以表示为时间的函数，即

$$q=-k\frac{\partial T}{\partial n}=f_2(\tau) \qquad (4.1-26)$$

式中，n 表示表面外法线方向。若表面是绝热的，则有 $\frac{\partial T}{\partial n}=0$。

（3）三类边界。实际热交换过程中，混凝土表面的热流量与边

界温度相关，即与接触面温度差值成正比：

$$q = -k\frac{\partial T}{\partial n} = \beta \Delta T \qquad (4.1-27)$$

式中：β 为表面热交换系数，$kJ/(m^2 \cdot h \cdot ℃)$；ΔT 为接触面温差，$\Delta T = T - T_a$，T 为混凝土温度，T_a 为外界环境温度，$℃$。

随着混凝土表面放热系数 $\beta = +\infty$，此时混凝土表面边界为一类边界；而当热交换系数 $\beta = 0$ 时，$\dfrac{\partial T}{\partial n} = 0$，此时混凝土表面为绝热边界。

（4）四类边界。当混凝土与不同固体接触，如接触良好，则在接触面上温度和热流量都是连续的，即

$$\left.\begin{array}{l} T_1 = T_2 \\ -k_1\dfrac{\partial T_1}{\partial n} = k_2\dfrac{\partial T_2}{\partial n} \end{array}\right\} \qquad (4.1-28)$$

如两固体之间接触不良，则温度是不连续的，需引入接触热阻的概念，即

$$\left.\begin{array}{l} k_1\dfrac{\partial T_1}{\partial n} = \dfrac{1}{R_c}(T_2 - T_1) \\ -k_1\dfrac{\partial T_1}{\partial n} = k_2\dfrac{\partial T_2}{\partial n} \end{array}\right\} \qquad (4.1-29)$$

式中：R_c 表示因接触不良产生的热阻，$(m^2 \cdot h \cdot ℃)/kJ$。

由于金属管的导热系数很大，水管的内壁和外壁的温度均可以认为等于水温，即水管内外壁的温差可以忽略不计。但如果水管为塑料管，水管内外壁的温差不可以忽略不计。如图 4.1-18 所示，塑料水管和其附近混凝土的典型截面。r_P、$r_{P'}$ 和 r_d 分别表示水管内壁的半径、水管外壁的半径和区域 A 和区域 B 交界面到水管中心的距离。对于距离水管中心长度为 r_X 截面，其温度梯度分布满足：

$$N_X = \begin{cases} N_P\dfrac{r_P}{r_X} & r_P \leqslant r_X \leqslant r_{P'} \\[3mm] \dfrac{2Q_1 + (\Delta\theta_a - \Delta\theta_b)\,c_c\rho_c\varphi\,(r_d^2 - r_X^2)\,\Delta l}{2\lambda_2\varphi r_X\Delta l\Delta\tau} & r_{P'} < r_X \leqslant r_d \end{cases}$$

$$(4.1-30)$$

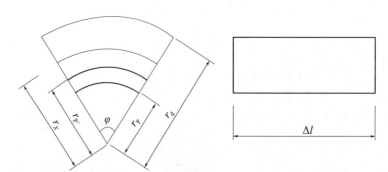

（a）垂直水流方向水管周围混凝土　　　（b）沿水流方向的长度

图 4.1-18　一个典型的塑料水管及其附近混凝土断面

式中，N_P 表示水管内壁的温度梯度。

设 $l_{P'} = \varphi r_{P'}$，时间 $\Delta\tau$ 内流经水管与混凝土交界面上水管侧的热量为

$$Q_1 = \frac{\lambda_1 N_P r_P l_{P'} \Delta l \Delta\tau}{r_{P'}} \qquad (4.1-31)$$

设 $N_{P'}$ 是混凝土和水管交界面上混凝土侧的温度梯度。$\Delta\tau$ 内流经水管与混凝土交界面上混凝土侧的热量为

$$Q_2 = \lambda_2 N_{P'} l_{P'} \Delta l \Delta\tau \qquad (4.1-32)$$

其中 λ_1 和 λ_2 分别表示水管的导热系数和混凝土的导热系数。

根据热平衡条件，显然有 $Q_1 = Q_2$，故

$$N_P = N_{P'} \frac{\lambda_2 r_{P'}}{\lambda_1 r_P} \qquad (4.1-33)$$

把式（4.1-33）代入式（4.1-30）中，则有

$$N_X = \begin{cases} N_{P'} \dfrac{\lambda_2 r_{P'}}{\lambda_1 r_X} & r_P \leqslant r_X \leqslant r_{P'} \\[3mm] \dfrac{2Q_1 + (\Delta\theta_a - \Delta\theta_b) c_c \rho_c \varphi (r_d^2 - r_X^2) \Delta l}{2\lambda_2 \varphi r_X \Delta l \Delta\tau} & r_{P'} < r_X \leqslant r_d \end{cases}$$

$$(4.1-34)$$

其中
$$N_{P'} = \frac{2Q_1 + (\Delta\theta_a - \Delta\theta_b) c_c \rho_c \varphi (r_d^2 - r_{P'}^2) \Delta l}{2\lambda_2 \varphi r_{P'} \Delta l \Delta\tau}$$

区域 A 和区域 B 交界面处的温度与水温差为

$$\Delta T_{i1} = \int_{r_p}^{r_d} N_X \mathrm{d}X \qquad (4.1-35)$$

由式（4.1-35），结合式（4.1-17）和式（4.1-18）就可以完成冷却水管为塑料管时的大体积混凝土温度场的求解。

4.1.6　算法的准确性验证

4.1.6.1　算例 5 和算例 1 对比分析

算例 5 采用新算法计算薄壁结构混凝土温度场。算例 5 为算例 1 的对比算例，目的是为验证新的算法能够达到和精细网格模拟水管周围混凝土温度场时同样的精度。

算例 5 的混凝土材料、结构和边界条件、通水条件均和算例 1 相同。算例 5 计算混凝土温度时，结构根据其与水管中心的距离被分成两部分。图 4.1-19 为第一部分（即除水管周围混凝土以外的区域，即前文的 B 区域）的有限元网格布置，该区域混凝土温度梯度较小且分布较为均匀，所有的有限元计算节点数量也较少。

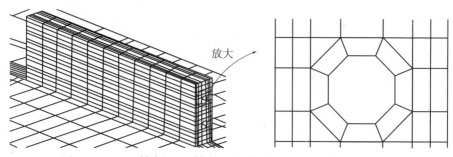

放大

图 4.1-19　算例 5 和算例 1 结构第一部分的有限元网格

图 4.1-20 表示了为第二部分（即前文的 A 区域）的范围。A 区混凝土（$r_d = 0.08\mathrm{m}$）没有参与有限元离散迭代的计算；温度场计算结束后，A 区混凝土温度场由水温、AB 区混凝土交界面温度和式（4.1-8）计算得到。由于 A 区域温度梯度大而且分布很不均匀，如果用常规有限元模拟该区域则需要

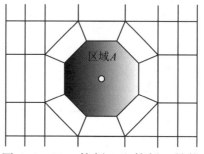

区域 A

图 4.1-20　算例 5 和算例 1 结构第二部分（即区域 A，用本书提出的公式计算）

用大量节点，使用新算法计算该区域温度场不需要增加有限元节点数量，故能较大地提高计算效率。特征断面和特征点位置如图 4.1-21 所示。

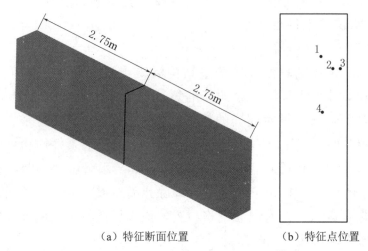

（a）特征断面位置　　　　　（b）特征点位置

图 4.1-21　算例 5 和算例 1 特征断面和特征点位置

图 4.1-22 为各个特征点的温度过程线图。图 4.1-23 为算例 1 和算例 5 不同时刻特征断面上温度分布等值线图。由图 4.1-22 可

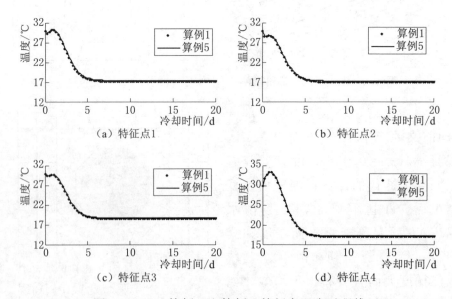

（a）特征点 1　　　　　（b）特征点 2

（c）特征点 3　　　　　（d）特征点 4

图 4.1-22　算例 5 和算例 1 特征点温度过程线

以看出，位于 A 区域和 B 区域混凝土的交界面处的特征点 1 和特征点 2 温度的最大误差为 0.38℃。而与 A 区和 B 区域混凝土交界面距离较远的特征点 3 和特征点 4 的误差很小，均在 0.25℃以内。从图 4.1-23 中可以看出，采用新方法和采用精细网格模拟水管附近混凝土得到的温差场的温度分布规律和数值均能很好地吻合。

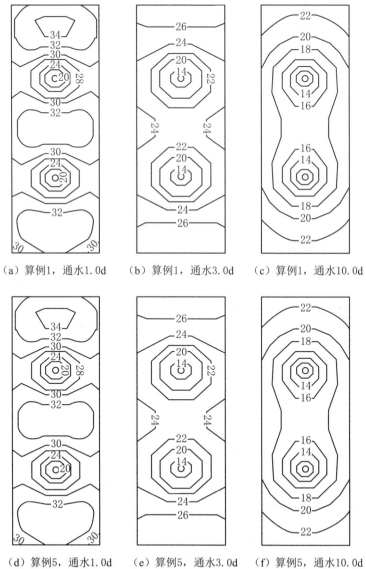

（a）算例1，通水1.0d　　（b）算例1，通水3.0d　　（c）算例1，通水10.0d

（d）算例5，通水1.0d　　（e）算例5，通水3.0d　　（f）算例5，通水10.0d

图 4.1-23　算例 5 和算例 1 特征断面温度等值线（单位：℃）

根据计算结果，即使浇筑温度和水温差为 30℃，通水第一个计算时步精度也能满足要求；故 $r_d=0.1m$ 时 $\Delta\theta_b$ 可以认为是一个常数，即 $r_d=0.1m$ 能满足公式（4.1-8）成立所需的要求。

4.1.6.2　算例 6 和算例 2 对比分析

算例 6 的计算目的是为验证在薄壁结构墙体两侧存在 15℃温差的情况下，新算法依然能够达到采用细网格模拟水管周围混凝土的精度。

算例 6 采用新方法计算，算例 6 的混凝土材料、结构和边界条件、通水条件均和算例 2 相同。

从特征点温度过程线（图 4.1-24）可以看出，新算法的误差很小，完全能满足高精度要求。从图 4.1-25 中也可以看出，在墙体两侧存在 15℃温差的情况下，采用新方法和采用精细网格模拟水管附近混凝土得到的温差场的温度分布规律和数值均能很好地吻合。

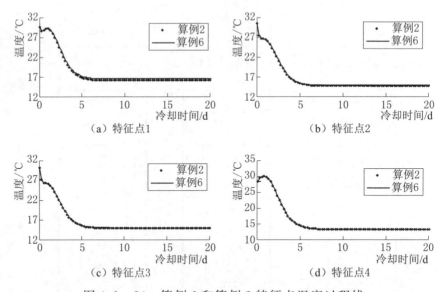

图 4.1-24　算例 6 和算例 2 特征点温度过程线

4.1.6.3　算例 7 和算例 3 对比分析

算例 7 的计算目的是为验证对于非薄壁混凝土结构，即使在边界附近，新算法依然能达到很好的精度。

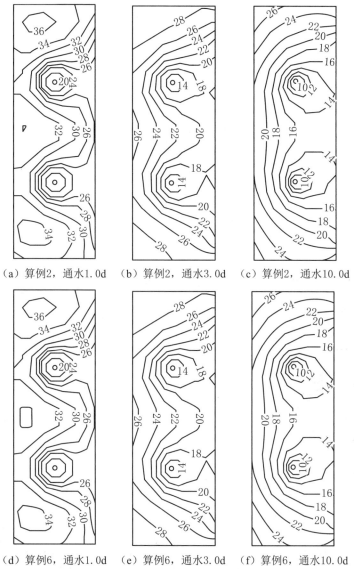

（a）算例2，通水1.0d （b）算例2，通水3.0d （c）算例2，通水10.0d

（d）算例6，通水1.0d （e）算例6，通水3.0d （f）算例6，通水10.0d

图 4.1-25 算例 6 和算例 2 特征断面温度等值线（单位：℃）

如图 4.1-26 和图 4.1-27 所示，算例 7 计算混凝土温度场时结构也被分成两部分。第二部分（即前文的 A 区域）混凝土（r_d = 0.08m）没有参与有限元离散迭代的计算；温度场计算结束后，A 区混凝土温度场由水温、AB 区混凝土交界面温度和式（4.1-8）计算形成。算例 7 采用新方法计算，算例 7 的混凝土材料、结构和边界条件、通水条件均和算例 3 相同。

特征断面的选取如算例 3，特征点在特征断面上的位置见图 4.1 - 28。

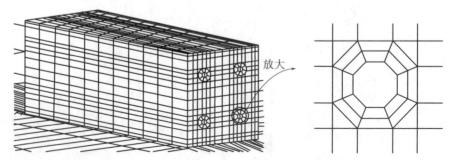

图 4.1 - 26　算例 7 结构第一部分的有限元网格

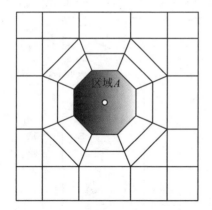

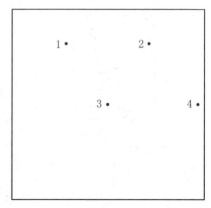

图 4.1 - 27　算例 7 结构第二部分
（即区域 A，用本书提出的公式计算）

图 4.1 - 28　算例 7 特征点位置图

从计算结果（图 4.1 - 29）中可以看出，对于大体积混凝土，即使在边界附近，采用新方法和采用精细网格模拟水管附近混凝土得到的温差场的温度分布规律和数值均能很好的吻合的。从特征点的过程线（图 4.1 - 30）也可以看出，新算法的误差很小，完全能满足高精度要求。

4.1.6.4　水管单元的形状对 A 区域混凝土温度场的影响

水管单元断面可以简化成正方形、正六边形或正八边形。简化的原则为水管单元内壁的面积等于实际水管内壁的面积。对于非薄

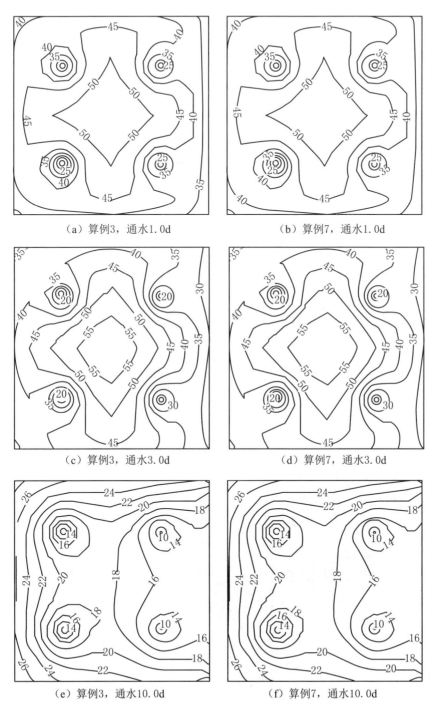

（a）算例3，通水1.0d   （b）算例7，通水1.0d

（c）算例3，通水3.0d   （d）算例7，通水3.0d

（e）算例3，通水10.0d   （f）算例7，通水10.0d

图 4.1-29 算例 7 和算例 3 特征断面温度分布等值线（单位：℃）

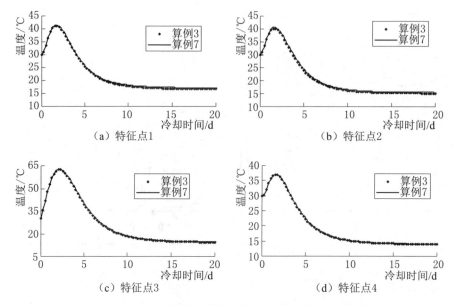

（a）特征点1　　　　　　　　　（b）特征点2

（c）特征点3　　　　　　　　　（d）特征点4

图 4.1-30　算例 7 和算例 3 特征点温度过程线

壁类混凝土结构，如水管单元内壁的面积等于实际水管内壁的面积，简化水管模型的散热能力就可以等效于原水管的散热能力。在这种简化下，水管附近温度场分布可能会与实际温度场分布存在略微差异，但是对距离水管较远位置温度场的分布影响很小。一般来说，对于诸如大坝等超大体积混凝土结构，水管断面的形状简化成正方形是完全可行的。

　　算例 8 用于检验水管断面形状对计算精度的影响，如图 4.1-31和图 4.1-32 所示，算例 8 计算混凝土温度场时结构也分为两部分。

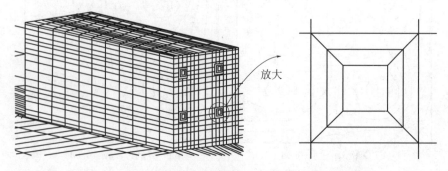

图 4.1-31　算例 8 结构第一部分的有限元网格

第二部分（即前文的 A 区域）混凝土（$r_d = 0.08m$）没有参与有限元离散迭代的计算；温度场计算结束后，A 区域混凝土温度场由水温、AB 区混凝土交界面温度和式（4.1-9）计算形成。

计算的特征断面选取同算例 3。为了更好地说明水管断面形状对通水冷却混凝土温度场的影响，特征断面上选取了 3 个特征点，3 个特征点与水管的最小距离分别为 0.21m、0.58m、0.7m（图 4.1-33）。图 4.1-34 为特征点温度过程线图。从图中可以看

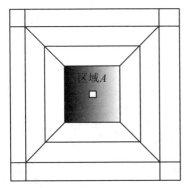

图 4.1-32　算例 8 结构第二部分（即区域 A，用本书提出的公式计算）

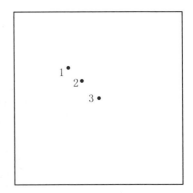

图 4.1-33　算例 8 特征点位置图

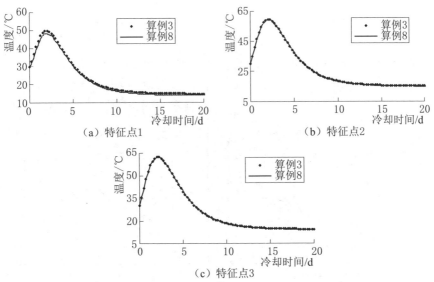

（a）特征点1　　　　　　　　（b）特征点2

（c）特征点3

图 4.1-34　算例 8 和算例 3 特征点温度过程线

出，距离水管较近的特征点 1，在通水初期，温度最大误差可达到 1.8℃，而其余几个特征点在两个算例中的温度变化均能很好地吻合。图 4.1 - 35 为特征断面温度等值线，对比算例 3 和算例 8 可知，不同的水管断面形状可导致水管附近混凝土温度场分布存在差异，但在与水管存在一定距离后，两个算例的温度场分布能很好地吻合。

水管断面的形状越复杂，所需要的节点总数越多，蛇形水管拐弯也越难模拟。但水管断面的简化形状对温度场的分布影响是局部小范围内的。对于非薄壁结构类的大体积混凝土，计算时完全可以将水管断面的形状简化成正方形。而对于薄壁结构，水管断面的形状应尽量为正八边形。

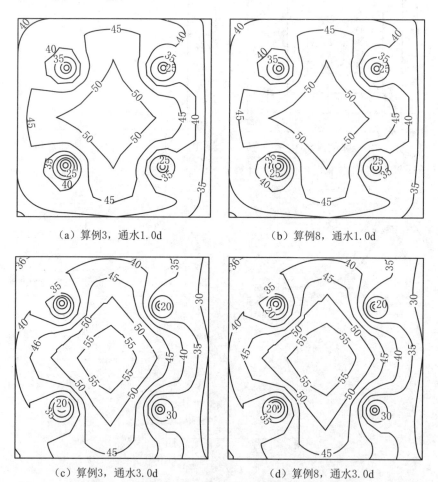

（a）算例3，通水1.0d   （b）算例8，通水1.0d

（c）算例3，通水3.0d   （d）算例8，通水3.0d

图 4.1 - 35 （一）　算例 8 和算例 3 特征断面温度等值线（单位：℃）

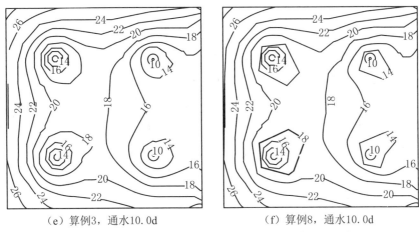

　　　(e) 算例3，通水10.0d　　　　　　　(f) 算例8，通水10.0d

图 4.1-35（二）　算例 8 和算例 3 特征断面温度等值线（单位：℃）

4.2　含水管大体积混凝土埋置单元法的改进

　　水管冷却广泛应用于各种建筑物中，如大型筏板基础、核电站的冷却、大体积水工建筑物的温控防裂等。由于水管周围温度梯度大而且很不均匀，准确地计算含水管的大体积混凝土温度场较为困难，特别是含水管的新浇筑混凝土温度场计算。如考虑每根水管周围温度分布，则计算效率不高。

　　目前有许多等效算法，如朱伯芳的含水管大体积混凝土温度场等效算法，已经应用于大坝的温度场计算，并取得了很好的效果。但这些算法未充分考虑水管周围温度场的特性，而温度应力的精确计算往往要依赖于此。改进的离散算法（半解析有限元法）能精确计算水管周围温度场和沿程水温，但计算量较大。陈国荣提出的埋置单元法能绕开计算水管周围的温度梯度，但其水管虚拟表面放热系数与真实的放热系数有一定的区别，沿程水温的计算也要考虑虚拟表面放热系数的作用。

　　本书研究适合埋置单元法的虚拟水管放热系数，并提出应用半解析有限元法反演埋置单元的虚拟表面放热系数，用半解析有限元法计算需要精细考虑的部位，其余区域采用改进的埋置单元法，即可实现高效、准确的计算。

4.2.1 埋置单元法基本理论

把混凝土与水管的接触面作为散热边界条件处理，该单元除了表面以外，还存在与水管接触的散热面；然后把混凝土与水管的接触面作为散热面纳入控制方程的边界条件，根据水管的厚度和导热系数估算出混凝土接触面的等效放热系数；网格剖分时不需考虑水管的存在，网格形成后再根据水管的位置找出与混凝土单元相交的节段，自动构成水管埋置单元。这种方法既不增加网格剖分的任何困难，也精确考虑了水管附近温度的变化。

4.2.1.1 不稳定温度场有限元计算

根据变分原理，三维不稳定温度场问题等价于下列泛函的极值问题：

$$I(T) = \iiint\limits_{V} \frac{\alpha}{2}\Big[\Big(\frac{\partial T}{\partial x}\Big)^2 + \Big(\frac{\partial T}{\partial x}\Big)^2 + \frac{\partial^2 T}{\partial z^2}\Big]\mathrm{d}v + \iiint\limits_{V}\Big(\frac{\partial T}{\partial t} - \frac{\partial \theta}{\partial t}\Big)T\mathrm{d}v$$

$$+ \iint\limits_{S}\bar{\beta}\Big(\frac{1}{2}T^2 - T_\mathrm{a}T\Big)\mathrm{d}s \qquad (4.2-1)$$

划分成有限个单元后，结构的总泛函等于各单元泛函之和，单元的泛函为

$$I^e(T) = \iiint\limits_{V^e} \frac{\alpha}{2}\Big[\Big(\frac{\partial T}{\partial x}\Big)^2 + \Big(\frac{\partial T}{\partial x}\Big)^2 + \frac{\partial^2 T}{\partial z^2}\Big]\mathrm{d}v + \iiint\limits_{V^e}\Big(\frac{\partial T}{\partial t} - \frac{\partial \theta}{\partial t}\Big)T\mathrm{d}v$$

$$+ \iint\limits_{S^e}\bar{\beta}\Big(\frac{1}{2}T^2 - T_\mathrm{a}T\Big)\mathrm{d}s \qquad (4.2-2)$$

式中：$\bar{\beta} = \dfrac{\beta}{c\rho}$；$\alpha$ 为导温系数；β 为混凝土表面放热系数；T_a 为与混凝土接触介质的温度；V^e 是单元所包含的体区域；S^e 是单元放热表面的面区域。

单元内任一点的温度与温度变化率用插值函数表示为

$$T(x,y,z,\tau) = [N]\{T\}^e, \qquad (4.2-3)$$

$$\frac{\partial T}{\partial t} = [N]\frac{\partial \{T\}^e}{\partial t}, \qquad (4.2-4)$$

其中，形函数矩阵 $[N] = [N_1 \cdot N_2 \cdot N_3 \cdots]$，$\{T\}^e$ 为单元节点温度列阵。

将式（4.2-3）、式（4.2-4）代入式（4.2-2）后，由泛函的极值条件得到不稳定温度场的求解方程：

$$([H]+[G])\{T\}+[R]\frac{\partial\{T\}}{\partial t}=\{F\} \qquad (4.2-5)$$

式中各系数矩阵分别由各单元系数矩阵集合而成，即

$$\left. \begin{array}{l} [H] = \sum_{e}[c]^{T}[h][c] \\[2mm] [G] = \sum_{e}[c]^{T}[g][c] \\[2mm] [R] = \sum_{e}[c]^{T}[r][c] \\[2mm] [F] = \sum_{e}[c]^{T}[f][c] \end{array} \right\} \qquad (4.2-6)$$

其中 $[c]$ 为单元选择矩阵，单元系数矩阵的元素分别为

$$\left. \begin{array}{l} h_{ij} = \alpha\iiint\limits_{V^{e}}\left[\frac{\partial N_i}{\partial x}\cdot\frac{\partial N_j}{\partial x}+\frac{\partial N_i}{\partial y}\cdot\frac{\partial N_j}{\partial y}+\frac{\partial N_i}{\partial z}\cdot\frac{\partial N_j}{\partial z}\right]\mathrm{d}v \\[4mm] g_{ij} = \bar{\beta}\iint\limits_{s^{e}}N_i N_j \mathrm{d}s \\[4mm] r_{ij} = \iint\limits_{v^{e}}N_i N_j \mathrm{d}s \\[4mm] f_i = \iiint\limits_{v^{e}}\frac{\partial\theta}{\partial t}N_i\mathrm{d}v+\bar{\beta}\iint\limits_{s^{e}}N_a N_i\mathrm{d}s \end{array} \right\} \qquad (4.2-7)$$

采用向后差分格式，由式（4.2-5）得到 t_{n+1} 时刻的节点温度 $\{T\}_{n+1}$ 的求解方程

$$([H]+[G]+\frac{1}{\Delta\tau}[R])\{T\}_{n+1}=\frac{1}{\Delta\tau}[R]\{T\}_{n}+\{F\}_{n+1}$$

$$(4.2-8)$$

4.2.1.2　考虑冷却水管的温度泛函

考虑典型的混凝土单元，单元中包含一根冷却水管（也可以是多根）。把与水管接触的混凝土面作为散热面，因此该单元除了原

来的外表散热面以外，还增加了与水管接触的散热面，将该散热面区域记为 S。

该单元的泛函除了原泛函式（4.2-2）以外，还要增加沿水管接触面的积分，即

$$I^e(T) = \iiint\limits_{V^e} \frac{\alpha}{2}\Big[\Big(\frac{\partial T}{\partial x}\Big)^2 + \Big(\frac{\partial T}{\partial x}\Big)^2 + \frac{\partial^2 T}{\partial z^2}\Big]\mathrm{d}v + \iiint\limits_{V^e}\Big(\frac{\partial T}{\partial t} - \frac{\partial \theta}{\partial t}\Big)T\mathrm{d}v$$

$$+ \iint\limits_{S_e}\bar{\beta}\Big(\frac{1}{2}T^2 - T_a T\Big)\mathrm{d}s + \iint\limits_{S}\beta\Big(\frac{1}{2}T^2 - T_a T\Big)\mathrm{d}s \qquad (4.2-9)$$

式中：β 为水管接触面的等效放热系数。

考虑冷却水管修正项后，单元系数矩阵的计算式（4.2-7）中的第二和第四个公式要相应改为

$$g_{ij} = \bar{\beta}\iint\limits_{S_e} N_i N_j \mathrm{d}s + \beta\iint\limits_{S} N_i N_j \mathrm{d}s \qquad (4.2-10)$$

$$f_i = \iiint\limits_{V^e} \frac{\partial \theta}{\partial t}N_i \mathrm{d}v + \bar{\beta}\iint\limits_{S_e} T_a N_i \mathrm{d}s + \beta\iint\limits_{S} T_a N_i \mathrm{d}s \qquad (4.2-11)$$

其他计算公式和求解方程不变。

根据陈国荣提出的埋置单元法，设水管的厚度为 h，水管材料的导热系数为 λ，那么水管的热阻为 h/λ，等效放热系数为 $\beta = \lambda/h$。如果忽略水管的壁厚，混凝土与水管的接触面就相当于第一类边界条件，这时候等效放热系数为无穷大。

设水管两个端点的整体坐标为 $(x_i,\ y_i,\ z_i)$ 和 $(x_j,\ y_j,\ z_j)$，由整体坐标可以很方便地求出相应的局部坐标，设为 $(r_i,\ s_i,\ t_i)$ 和 $(r_j,\ s_j,\ t_j)$。在母单元中沿着水管方向再建立一维局部坐标 ξ（$-1 \leqslant \xi \leqslant 1$），沿着水管的母单元局部坐标可以表示为

$$r = \frac{1-\xi}{2}r_i + \frac{1-\xi}{2}r_j \quad s = \frac{1-\xi}{2}s_i + \frac{1-\xi}{2}s_j \quad t = \frac{1-\xi}{2}t_i + \frac{1-\xi}{2}t_j$$

由于直径很小，认为水温和其他被积函数沿水管周长方向为常量，则对水管接触面的积分可以转化为沿着水管的一维积分。式（4.2-10）和式（4.2-11）中的附加项改写为

$$\beta\iint\limits_{S} N_i N_j \mathrm{d}s = 2\pi a\beta \int_{-1}^{1} N_i N_j \frac{l}{2}\mathrm{d}\xi \qquad (4.2-12)$$

$$\beta \iint_{S'} T_a N_i \mathrm{d}s = 2\pi a\beta \int_{-1}^{1} T_a N_i \frac{l}{2}\mathrm{d}\xi \qquad (4.2-13)$$

式中：a 为水管的半径；l 为单元水管的长度；T_a 为冷却水的温度。

以上两式通过数值积分可以很容易地解出。

通过分析容易得出，埋置单元法模拟水管冷却有以下优点：①通过推导，混凝土的冷却效应在理论上是严密精确的；②在进行二期冷却分析时，已经停止通水的混凝土浇筑层下部冷却水管无需变动网格，只需将某些常规单元变为水管复合单元，计算起来十分方便；③因为不必在模型中离散水管，根据水管走向、位置和已有的有限元网格的信息进行代数和几何运算，得到水管单元网格的拓扑信息，故可以有效模拟水管的复杂走向和布置。

4.2.2　埋置单元法的改进

4.2.2.1　埋置单元法参数适用范围

对于表面放热系数（β 或 β'），当表面放热系数无限大时，整体刚度矩阵相关方程的系数由表面放热系数决定，与表面放热系数无关的单元刚度矩阵系数将被"忽略"，即等同于刚度矩阵中"乘大数"的方法。从数学角度出发，当第三类边界条件放热系数无限大即为刚度矩阵中"乘大数"的方法，两者没有任何区别。

故对于水管为铁管的情况，只要水管不布置在单元的某个面上，且该单元拥有水管边界条件，无其他三类或一类边界条件，则该单元的节点温度受式（4.2-14）控制：

$$\begin{cases} g = \displaystyle\int_{S'} \beta' N^T N \mathrm{d}s \\[2mm] f = \displaystyle\int_{S_3^e} \beta' T_\omega N^T \mathrm{d}s \end{cases} \qquad (4.2-14)$$

如采取埋置单元法，沿水管方向布置两个高斯点，则单元刚度阵列可以表示为

$$[k_1 + \beta' k_2]T = p_1 + \beta' p_2 \qquad (4.2-15)$$

当水管虚拟的放热系数无限大时，温度场只与 k_2、p_2 相关，忽略绝热温升和其他单元温度对该单元的影响。

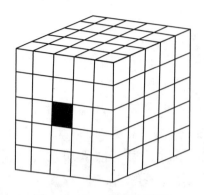

图 4.2-1　水管的混凝土立方体

进一步研究可以证明，对于 5m×5m×5m 的混凝土，水管穿过的单元如图 4.2-1 所示，各个面的边界条件都一致。取该结构中心部位 1m×1m×1m 的含水管单元分析。如水管水温增量不计，根据对称原则，该单元节点温度相等。

当水管虚拟的放热系数无限大时虚拟水管所在单元节点温度必须满足式 (4.2-16)：

$$
\begin{bmatrix}
0.2 & 0.2 & 0.1 & 0.1 & 0.2 & 0.2 & 0.1 & 0.1 \\
0.2 & 0.2 & 0.1 & 0.1 & 0.2 & 0.2 & 0.1 & 0.1 \\
0.1 & 0.1 & 0.2 & 0.2 & 0.1 & 0.1 & 0.2 & 0.2 \\
0.1 & 0.1 & 0.2 & 0.2 & 0.1 & 0.1 & 0.2 & 0.2 \\
0.2 & 0.2 & 0.1 & 0.1 & 0.2 & 0.2 & 0.1 & 0.1 \\
0.2 & 0.2 & 0.1 & 0.1 & 0.2 & 0.2 & 0.1 & 0.1 \\
0.1 & 0.1 & 0.2 & 0.2 & 0.1 & 0.1 & 0.2 & 0.2 \\
0.1 & 0.1 & 0.2 & 0.2 & 0.1 & 0.1 & 0.2 & 0.2
\end{bmatrix}
\begin{bmatrix}
T_1 \\ T_2 \\ T_3 \\ T_4 \\ T_5 \\ T_6 \\ T_7 \\ T_8
\end{bmatrix}
= 1.2
\begin{bmatrix}
T_w \\ T_w \\ T_w \\ T_w \\ T_w \\ T_w \\ T_w \\ T_w
\end{bmatrix}
$$

$$(4.2-16)$$

根据式 (4.2-15)，当水管虚拟的放热系数无限大时，含虚拟水管所在单元节点温度接近于水管水温。故水管虚拟的放热系数无限大时并不能模拟混凝土埋设铁管冷却通水的情况，即埋置单元的虚拟放热系数和实际放热系数应有所区别，具有一定的适用范围。

4.2.2.2　埋置水管沿程水温计算

埋置单元的沿程水温参考离散迭代方法求解，即水管沿程水温增量可以表示为

$$
\Delta T_{wi} = \frac{-\lambda}{c_w \rho_w q_w} \iint_{\Gamma^0} \frac{\partial T}{\partial n} ds \tag{4.2-17}
$$

式中：c_w、ρ_w 和 q_w 为冷却水的流量、比热和密度。

如无特殊处理，式（4.2-17）只能适用于单元尺寸很小的情况，在式（4.2-17）适用范围内，埋置单元已毫无效率优势可言。$\dfrac{\partial T}{\partial n}$ 的求解依赖于混凝土和水管交界面的温度，混凝土和水管交界面温度未知，式（4.2-17）无法求解。

考虑到水管面积很小，除极端情况外，可将水管面的温度做均化处理，可得到

$$\Delta T_{wi} = \frac{-\lambda \dfrac{\partial T}{\partial n}}{c_w \rho_w q_w} \iint_{\Gamma^0} \mathrm{d}s \qquad (4.2-18)$$

如埋置单元垂直水管界面面积是固定不变的，且水管均在单元的中心位置，显然水管面的温度梯度和节点温度与水温差值成正比。大量算例表明，在混凝土温控计算中，水管温度梯度增量和 $\sqrt{\beta'}$ 正比关系，即

$$\frac{\partial T}{\partial n} = m \sqrt{\beta'}(T_c - T_w) \qquad (4.2-19)$$

式中：m 为待定常数。

由于计算网格可能出现变截面的情况，可设水管面的温度梯度、混凝土节点和水温温差以及水管所在单元截面尺寸的关系可表示为

$$\frac{\partial T}{\partial n} = n \frac{\sqrt{\beta'}(T_c - T_w)}{1 - \exp(-b\sqrt{A})} \qquad (4.2-20)$$

式中：n 和 b 为待定常数；A 为水管所在单元的截面面积；T_c 和 T_w 为水管所在单元的平均温度和微段内的平均水温。

实际上，如果 A 是常数，式（4.2-19）和式（4.2-20）是完全等效的。考虑到常规温控计算网格一般都要做到尽可能地规则，引入水管所在单元的截面面积对计算结果的影响很小，因此只要对局部的单元能起到"微调"的作用，除特殊情况外，式（4.2-20）已经能满足工程需求。

根据式（4.2-18）可知，水管沿程水温增量和温度梯度 $\dfrac{\partial T}{\partial n}$、

混凝土导热系数和水管微段的长度成正比，和冷却水的流量、比热和密度成反比。$\iint_{\Gamma_0} \mathrm{d}s$ 为常数，可与式（4.2-19）的 m 合并。将式（4.2-20）代入式（4.2-18）可以得到

$$\Delta T_i = a \frac{\sqrt{\beta'}(T_c - T_w)\lambda_c \Delta l}{c_c \rho_c q_w (1 - \exp(-b\sqrt{A}))} \qquad (4.2-21)$$

式中：a 和 b 为常数。理论上，a 和 b 需要通过反演分析确定，但大量计算结果表明，a 的取值可为 0.022，b 的取值可为 4.0。

4.2.2.3　半解析有限元法与改进的埋置算法的联合应用

根据以上分析，采用埋置单元法计算温度场时，虚拟放热系数 β' 的取值较为关键，只有正确的 β' 值才能满足高效精确的计算。由此，可以用半解析有限元法与改进的埋置算法联合方式计算混凝土的温度场。应用半解析有限元法反演埋置算法的虚拟放热系数的 β'，用半解析有限元法计算需要精细考虑的部位，其余区域采用改进的埋置单元法，即可实现高效、准确的计算。

4.2.3　管壁放热系数反分析

4.2.3.1　计算基本条件

1. 管壁放热系数反分析的必要性和算法的可靠性分析验证方法

温控计算中，计算条件包括有限元计算网格、混凝土的热学参数、外界气温和温控措施。混凝土的热学参数包括绝热温升、混凝土导热系数和导温系数。温度控制包括通水流量、进口水温、浇筑温度的控制以及采取表面保温措施等。

对于管壁放热系数分析的必要性和可靠性研究涉及以下几个问题：

1）冷却水管管壁放热系数的取值和温控措施、气温条件是否相关。如果冷却水管的管壁放热系数的取值和温控措施或气温条件有关，则埋置单元算法不可靠，管壁放热系数的取值等相关研究就没有意义。因此，反分析得到的管壁放热系数必须适用于所有的温控措施。

2）温控措施或气温条件与管壁放热系数取值不相关的前提下，

混凝土材料热学性能参数或单元尺寸和管壁放热系数的取值存在关联性。即不同的材料的混凝土，冷却水管的管壁放热系数取值应不同。若在任何计算条件下，水管的管壁放热系数取值只和水管的材质有关，则管壁放热系数是个固定值，没有反分析的必要。

2. 验证算例简介

计算模型见图 4.2-2，本算例冷却水管的间距为 1.5m×1.5m，水管布置和特征点的位置关系见图 4.2-3，采用的水管材料为金属水管和塑料水管两种。

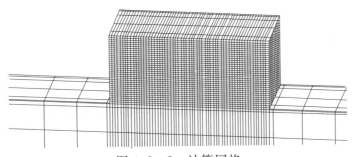

图 4.2-2 计算网格

本书采用敏感性分析的方式验证埋置单元算法的可靠性。基础温度为 18℃。浇筑厚度按 1.5m 考虑，间歇期按 10d 考虑，通水时长按 60d 考虑。敏感性分析考虑的内容包括：浇筑温度、通水流量、通水水温、外界气温、导热系数、绝热温升终值和导温系数。基本条件如下：混凝土块体

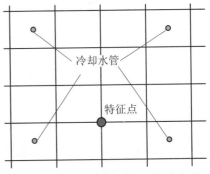

图 4.2-3 冷却水管和特征点的位置关系

的温度为 20℃，通水流量 48m³/d，进口水温 15℃，外界气温 20℃（浇筑温度敏感性分析中，外界气温按 25℃ 考虑），导热系数 141kJ/(m·d·℃)，绝热温升 $T_r = 25.0 \dfrac{t}{t+3.25}$℃，导温系数 0.065m²/d。

4.2.3.2 算法的可靠性检验

检验该算法是否可靠，需要检验计算参数和温控措施无关，即

对于同样的结构，同样的材料参数，在任何温控措施下，埋置单元算法和精确算法（半解析有限元法）的计算结果是否一致。

分别对浇筑温度、外界气温、通水流量和进口水温进行敏感性分析。通过大量计算，发现对于导热系数 141kJ/(m² · d · ℃) 的混凝土，当金属水管的等效管壁放热系数选取 7500kJ/(m² · d · ℃)，塑料水管的等效管壁放热系数选取 5600kJ/(m² · d · ℃) 时，埋置单元算法和精确算法结果一致。

根据计算结果，通水过程中浇筑龄期为 10d 时，受上层混凝土浇筑影响，特征点的温度过程线出现突变，其余时间均为平滑曲线。相同的材料性能参数和相同的网格尺寸，采用合理的管壁放热系数，埋置单元法和半解析有限元法计算得到的计算结果是一致的。故对于相同的网格尺寸和同材料混凝土，反分析得到的等效管壁放热系数适用于所有的温控措施。因此，该算法具有可靠性。

1. 浇筑温度敏感性分析

混凝土浇筑温度，即混凝土经过平仓振捣后，在覆盖上层混凝土前，测量混凝土表面以下 10cm 深处的温度，它是混凝土温控的重要指标。图 4.2-4 的计算结果表明，当金属水管管壁放热系数取值为 7500kJ/(m² · d · ℃)，浇筑温度分别为 18℃、20℃、22℃、24℃时，埋置单元算法和精确算法的计算结果一致。这说明浇筑温度对管壁放热系数没有影响。

对于塑料水管，计算结果如图 4.2-5 所示，当管壁放热系数取值为 5600kJ/(m² · d · ℃) 情况下，几种浇筑温度情况下，埋置单元算法和精确算法的计算结果也是一致的。

2. 外界气温敏感性分析

气温的变化是引起混凝土坝出现裂缝的重要原因，同时也是计算温度应力和制定温度控制措施的重要依据。图 4.2-6 的计算结果表明，在金属水管管壁放热系数取值为 7500kJ/(m² · d · ℃)，外界气温分别为 18℃、20℃、22℃ 和 24℃时，埋置单元算法和精确算法的计算结果一致。说明外界气温温度对管壁放热系数没有影响。

对于塑料水管，计算结果如图 4.2-7 所示，当管壁放热系数取

值为 $5600kJ/(m^2 \cdot d \cdot °C)$，外界气温分别为 18℃、20℃、22℃和 24℃时，埋置单元算法和精确算法的计算结果也是一致的。

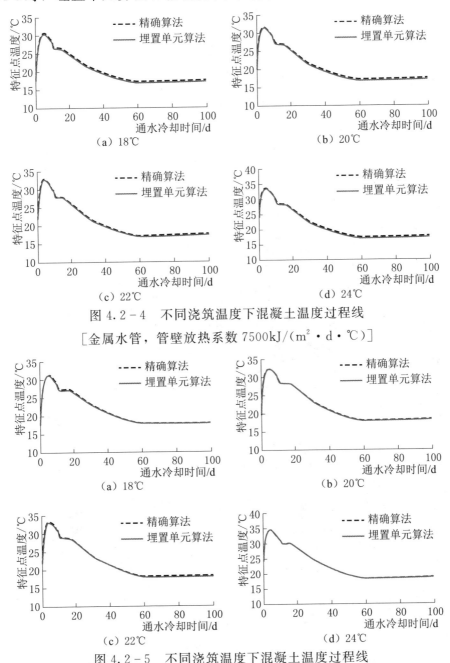

图 4.2-4 不同浇筑温度下混凝土温度过程线

[金属水管，管壁放热系数 $7500kJ/(m^2 \cdot d \cdot °C)$]

图 4.2-5 不同浇筑温度下混凝土温度过程线

[塑料水管，管壁放热系数 $5600kJ/(m^2 \cdot d \cdot °C)$]

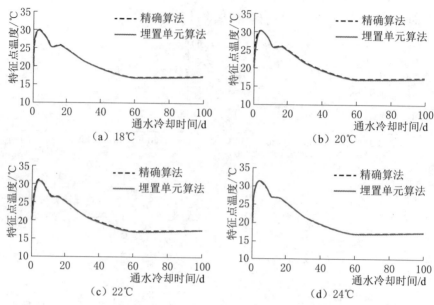

图 4.2-6　不同外界气温下的混凝土温度过程线

[金属水管，管壁放热系数均为 7500kJ/(m² · d · ℃)]

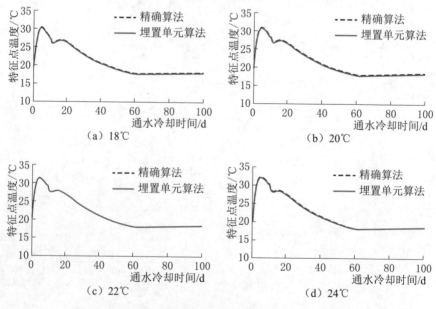

图 4.2-7　不同外界气温下的混凝土温度过程线

[塑料水管，管壁放热系数 5600kJ/(m² · d · ℃)]

3. 通水流量敏感性分析

通水流量是影响水管冷却的重要因素。冷却水管内的流量应该足够大，以使得水管内产生紊流（层流会降低通水的冷却效果）。本书分别对通水流量为 $12m^3/d$、$20m^3/d$、$30m^3/d$、$40m^3/d$ 情况进行分析（图 4.2-8），计算结果表明，当金属水管管壁放热系数取值为 $7500kJ/(m^2 \cdot d \cdot ℃)$ 时，几种通水流量情况下，埋置单元算法和精确算法的计算结果一致。这表明通水流量温度对管壁放热系数没有影响。

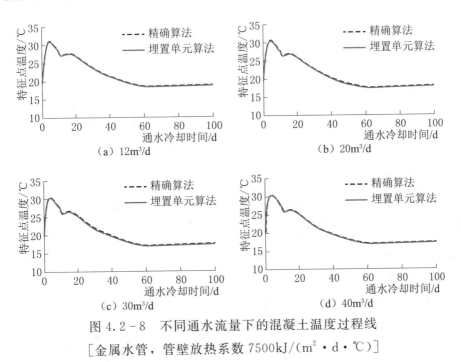

图 4.2-8   不同通水流量下的混凝土温度过程线

[金属水管，管壁放热系数 $7500kJ/(m^2 \cdot d \cdot ℃)$]

对于塑料水管，计算结果如图 4.2-9 所示。当在管壁放热系数取值为 $5600kJ/(m^2 \cdot d \cdot ℃)$ 时，几种通水流量情况下，埋置单元算法和精确算法的计算结果也是一致的。

4. 进口水温敏感性分析

进口水温是水管冷却的关键性指标之一。冷却水温越低，冷却水与混凝土温差越大，冷却效果越好；但过大的温差会在水管周围的混凝土中引起很大的温度梯度，产生较大的拉应力，故应将进口

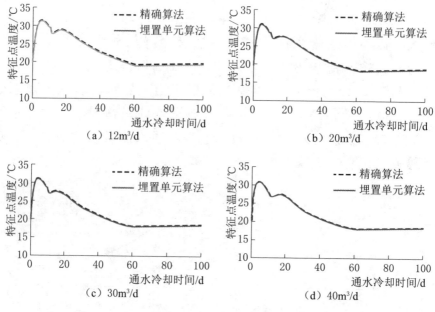

图 4.2-9　不同通水流量下的混凝土温度过程线

[塑料水管，管壁放热系数 5600kJ/(m² · d · ℃)]

水温与混凝土之间的温差控制在合理范围内。本书分别对进口水温 13℃、15℃、17℃ 和 19℃ 进行分析（图 4.2-10），计算结果表明，当金属水管管壁放热系数取值为 7500kJ/(m² · d · ℃) 时，几种进口水温情况下，埋置单元算法和精确算法的计算结果一致。这表明进口水温对管壁放热系数没有影响。

对于塑料水管，计算结果如图 4.2-11 所示，当管壁放热系数取值为 5600kJ/(m² · d · ℃) 时，进口水温分别为 13℃、15℃、17℃ 和 19℃ 情况下，埋置单元算法和精确算法的计算结果也是一致的。

4.2.3.3　参数反分析的必要性研究

计算结果显示，导热系数的影响和等效管壁放热系数的影响密切相关，而绝热温升和导温系数和管壁放热系数取值无关。不同混凝土材料和水管材质管壁放热系数均应有所区别，采用参数分析的方式得到水管的管壁放热系数是必要的。

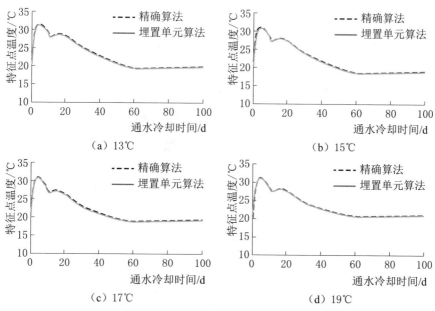

图 4.2-10 不同进口水温下的混凝土温度过程线

[金属水管，管壁放热系数均为 7500kJ/(m² · d · ℃)]

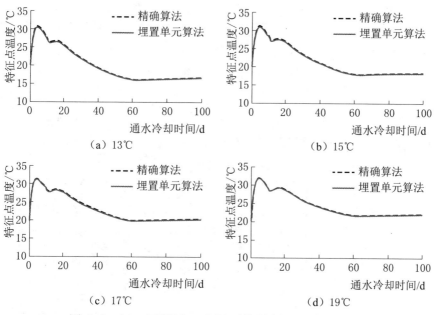

图 4.2-11 不同进口水温下的混凝土温度过程线

[塑料水管，管壁放热系数均为 5600kJ/(m² · d · ℃)]

1. 导热系数敏感性分析

混凝土导热系数是精确计算混凝土内部温度场，表征其导热能力的重要物理参数。本文分别对导热系数为 80kJ/(m·d·℃)、140kJ/(m·d·℃)、180kJ/(m·d·℃) 和 240kJ/(m·d·℃) 进行分析 (图 4.2-12)，计算结果表明，当金属水管管壁放热系数取值为 7500kJ/(m²·d·℃) 时，几种导热系数情况下，埋置单元算法和精确算法的计算结果出现了较大的差异，只有在导热系数为 140kJ/(m·d·℃) 时两者计算结果才接近一致。当导热系数为 80kJ/(m·d·℃) 时，埋置单元算法的温度计算结果低于精确算法，说明此时埋置单元算法的管壁等效放热系数取值偏大。同理，导热系数为 180kJ/(m·d·℃) 和 240kJ/(m·d·℃) 的情况下，埋置单元算法的温度计算结果大于精确算法，说明此时埋置单元算法的管壁等效放热系数取值偏小。

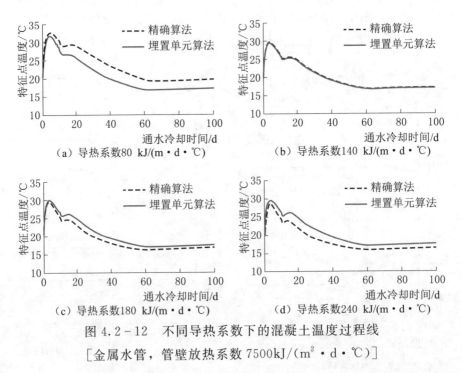

图 4.2-12　不同导热系数下的混凝土温度过程线
[金属水管，管壁放热系数 7500kJ/(m²·d·℃)]

对于塑料水管 (图 4.2-13)，计算结果表明，当金属水管管壁放热系数取值为 5600kJ/(m²·d·℃) 时，几种导热系数情况下，埋置单元算法和精确算法的计算结果也出现了较大的差异，只有在导热系数为 140kJ/(m·d·℃) 时是两者计算结果才接近一致。

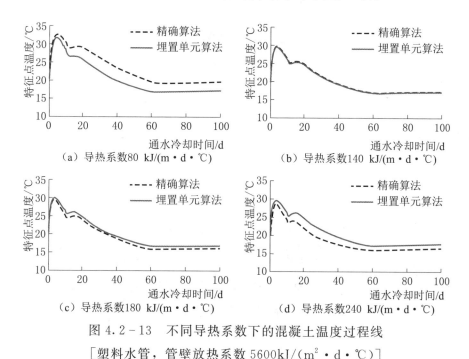

图 4.2-13　不同导热系数下的混凝土温度过程线

[塑料水管，管壁放热系数 5600kJ/(m²·d·℃)]

2. 绝热温升敏感性分析

绝热温升是影响水管冷却的重要因素。分别对绝热温升终值为 25℃、30℃、35℃、40℃情况进行分析（图 4.2-14），计算结果表明，当金属水管管壁放热系数取值为 7500kJ/(m²·d·℃) 时，几种绝热温升终值情况下，埋置单元算法和精确算法的计算结果一致。这表明绝热温升对管壁放热系数无影响。

对于塑料水管，计算结果如图 4.2-15 所示，当管壁放热系数取值为 5600kJ/(m²·d·℃) 时，几种绝热温升终值情况下，埋置单元算法和精确算法的计算结果也是一致的。

3. 导温系数敏感性分析

导温系数又称热扩散率或热扩散系数，反映物料被加热或冷却时传播温度变化能力的参数。导温系数越大，说明物料的温度扩散能力越强，即在物料被加热或冷却时，温度变化传播得越快，各部分

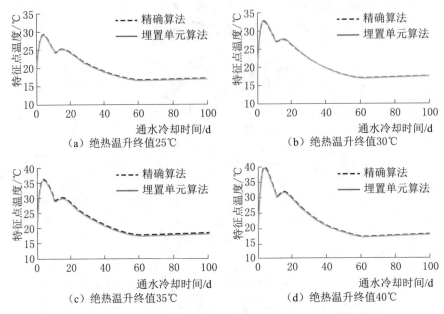

图 4.2-14 不同绝热温升终值下的混凝土温度过程线

［金属水管，管壁放热系数 7500kJ/(m² · d · ℃)］

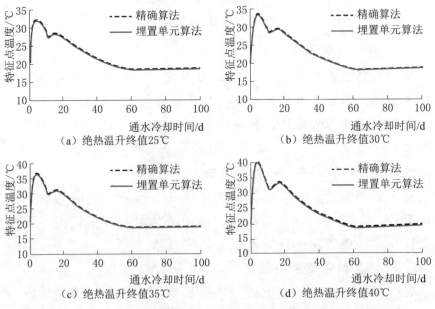

图 4.2-15 不同绝热温升终值下的混凝土温度过程线

［塑料水管，管壁放热系数 5600kJ/(m² · d · ℃)］

温度趋于一致的能力越强，在同样的加热或冷却条件下，物料内部各处的温度差越小。本书分别对导温系数为 $0.08m^2/d$、$0.10m^2/d$、$0.12m^2/d$ 情况进行分析（图 4.2－16），计算结果表明，当金属水管管壁放热系数取值为 $7500kJ/(m^2 \cdot d \cdot ℃)$ 时，几种导温系数情况下，埋置单元算法和精确算法的计算结果一致。这表明导温系数对管壁放热系数无影响。

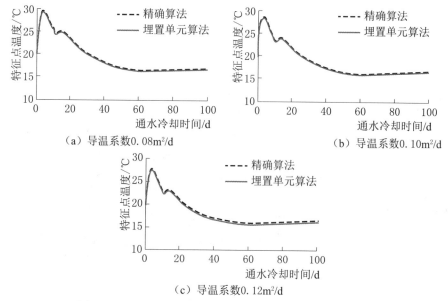

图 4.2－16　不同导温系数下的混凝土温度过程线

〔金属水管，管壁放热系数 $7500kJ/(m^2 \cdot d \cdot ℃)$〕

对于塑料水管，计算结果如图 4.2－17 所示，当管壁放热系数取值为 $5600kJ/(m^2 \cdot d \cdot ℃)$ 时，几种导温系数情况下，埋置单元算法和精确算法的计算结果也是一致的。

4.2.3.4　反分析管壁放热系数

依据不同的导热系数，重新反分析管壁放热系数后，两种算法特征点温度过程线完全重合。

（1）对于金属水管，反分析所得的等效管壁放热系数如图 4.2－18 所示。

（2）对于塑料水管，反分析所得的等效管壁放热系数如图 4.2－19 所示。

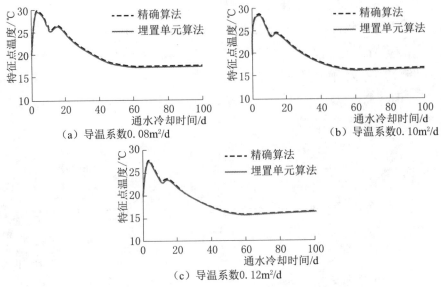

（a）导温系数0.08m²/d

（b）导温系数0.10m²/d

（c）导温系数0.12m²/d

图 4.2-17　不同导温系数下的混凝土温度过程线

［塑料水管，管壁放热系数 5600kJ/（m² · d · ℃）］

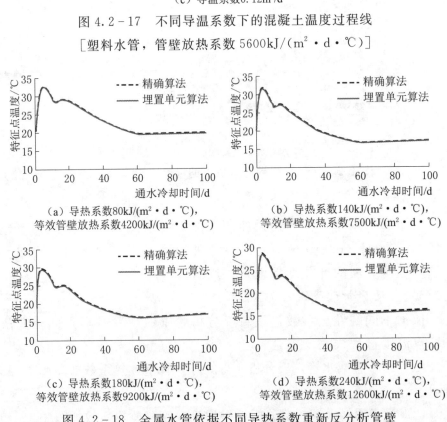

（a）导热系数80kJ/（m² · d · ℃），
等效管壁放热系数4200kJ/（m² · d · ℃）

（b）导热系数140kJ/（m² · d · ℃），
等效管壁放热系数7500kJ/（m² · d · ℃）

（c）导热系数180kJ/（m² · d · ℃），
等效管壁放热系数9200kJ/（m² · d · ℃）

（d）导热系数240kJ/（m² · d · ℃），
等效管壁放热系数12600kJ/（m² · d · ℃）

图 4.2-18　金属水管依据不同导热系数重新反分析管壁

放热系数后的特征点温度过程线

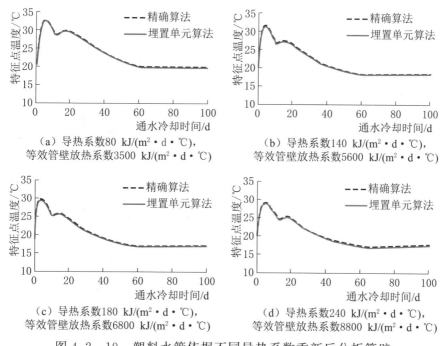

图 4.2-19　塑料水管依据不同导热系数重新反分析管壁
放热系数后的特征点温度过程线

4.2.4　改进的埋置单元法准确性验证

本文以某电站水垫塘底板的温度场计算为例，说明改进的埋置单元法模型的可靠性。

4.2.4.1　模型及水文条件

计算模型为长、宽、高分别为 60m、20m、0.8m 的混凝土块，为某水垫塘底板的一部分。水管布置在距离底面 0.4m 处，水管的间距为 1m，布置在底板厚度方向的中心位置。模型的水管布置见图 4.2-20。某电站工程所在地的水文条件见表 4.2-1。

表 4.2-1　　　　　某电站工程所在地的水文条件

月份	1	2	3	4	5	6	7	8	9	10	11	12
气温/℃	7.8	9.9	13.1	16.4	19.8	21.8	21.5	20.9	19.6	16.7	12.0	8.3
水温/℃	6.7	8.5	11.0	13.2	15.3	17.5	18.7	18.7	17.4	14.6	10.7	7.5
风速/(m/s)	1.8	2.0	2.2	2.2	2.2	2.2	2.0	1.7	1.6	1.6	1.5	1.6

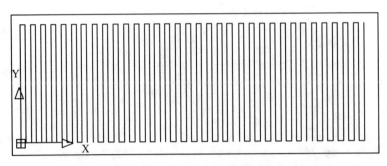

图 4.2-20 模型的水管布置

混凝土表面放热系数与风速和材料的性能相关。不覆盖保温材料的情况下，混凝土表面放热系数 $\beta = 21.8 + 13.53 v_a$，v_a 为风速。

混凝土的导温系数为 $0.071 \text{m}^2/\text{d}$；混凝土的绝热温升 $T = 53.1 t/(0.68 + t)$，其中 t 为混凝土的龄期（d）；采用内径和外径分别为 0.032m 和 0.028m 的塑料管。

4.2.4.2 计算工况

本算例的计算工况：6 月初开始浇筑，不考虑施工时间；浇筑温度 20℃，通水时间 6d，通水温度 15℃，通水流量 $24 \text{m}^3/\text{d}$。

4.2.4.3 计算结果分析

用半解析有限元法反演埋置单元法的参数，得到虚拟放热系数 β' 值为 9900kJ/($\text{m}^2 \cdot \text{d} \cdot ℃$)。根据计算结果（图 4.2-21～图 4.2-23），经改进后，除水管周围的区域外，半解析有限元法和埋置单元法在埋置单元节点的温度计算结果是一致的。

温度/℃ 24 26 28 30 32 34 36 38 40

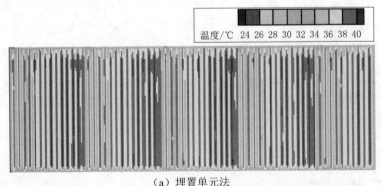

（a）埋置单元法

图 4.2-21（一） 浇筑第 3 天特征断面温度分布（见文后彩图）

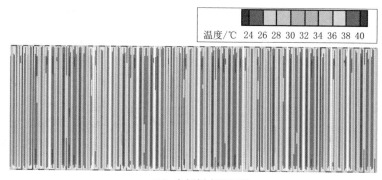

（b）半解析有限元法

图 4.2-21（二）　浇筑第 3 天特征断面温度分布（见文后彩图）

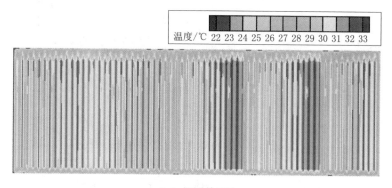

（a）埋置单元法

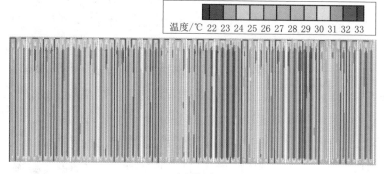

（b）半解析有限元法

图 4.2-22　浇筑第 3 天特征断面温度分布（见文后彩图）

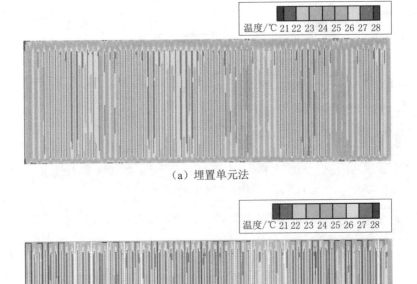

（a）埋置单元法

（b）半解析有限元法

图 4.2-23　浇筑第 5 天特征断面温度分布（见文后彩图）

4.3　含水管混凝土网格布置研究及工程应用实例

目前有许多行业需要进行含水管混凝土温度场的计算，如室内空调系统、核电站冷却系统、大体积水工混凝土结构。对于空调系统以及核电站的冷却系统只要精确计算出温度场即可；但如要将水管冷却运用于混凝土的温控防裂中则需要对应的应力计算。

水管冷却广泛应用于各种水工结构中，如渡槽、泵站以及大坝。这些结构的体积相差很大，混凝土的用量相差几倍、几十倍甚至上百倍，温度场计算的目的是为了准确地预测应力场。

目前计算机技术发展迅速，对于 100 万个节点以下的温度场和应力场均可以较快地完成计算，但对于 100 万个节点以上结构的计算时间依然较长。除大坝以外的水工混凝土建筑物，计算规模较小但所用的混凝土强度等级较高，水化热往往也较高，此类结构需要较密集的网格以及更精确的温度场计算。对于大坝，特别是坝高200m以上的坝体，混凝土强度等级较低，水化热也较低，此类结构网格的密度要求可以适当放宽，对水管周围温度场的精度要求也相对较低，如该类结构的网格较为密集，则在短时间内难以完成计算。

含水管混凝土的网格布置形式能影响温度场的计算精度和计算效率。不同的水工结构应配以不同的网格布置方式，使之同时满足计算精度和计算效率的需求。本章针对水工建筑物的体积大小对含水管混凝土网格布置进行研究。本章成果应用于官地水电站1号坝段的垫层计算中。该垫层在施工过程中对通水温度、浇筑温度、浇筑后的温度历程均有详细的记录。本章对比了温度场的计算值和实测值，并对该垫层提供了合理的温控防裂措施。

4.3.1 含水管混凝土网格布置研究

根据本章所提的算法，水管周围的混凝土温度场计算可由解析解得出，故不需要增加实体网格［图4.3-1（a）、图4.3-2（a）和图4.3-3（a）］，但应力场计算则需要通过实体网格来实现［图4.3-1（b）、图4.3-2（b）和图4.3-3（b）］；图中解析解区域半径均为0.1m。

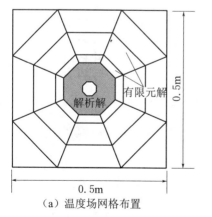 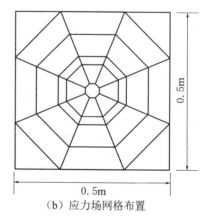

| （a）温度场网格布置 | （b）应力场网格布置 |

图4.3-1　薄壁结构第一种含水管混凝土网格布置示意

一般来说，除了坝体以外的水工混凝土结构，网格数量不大，含水管混凝土网格可采取如图4.3-1～图4.3-3所示的尺寸（图中解析解区域实际半径为 0.1m）。对于渡槽类的水工结构，由于模型节点数量少，而本身结构较为简单，可以选用图 4.3-1 网格布置方式进行计算。对于泵站结构，网格节点数量少，但结构非常复杂，如选用图 4.3-1 网格布置方式，则拐弯单元前处理较为复杂，该类结构可以选择图 4.3-2 网格布置。图 4.3-3 的网格布置节点数较少，应用水管二次剖分技术，水管也较为容易剖分，但是该形状容易造成应力集中，薄壁类结构不宜采用。

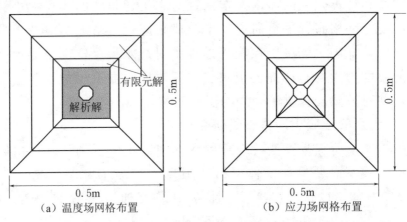

（a）温度场网格布置 　　　　　（b）应力场网格布置

图 4.3-2　薄壁结构第二种含水管混凝土网格布置示意

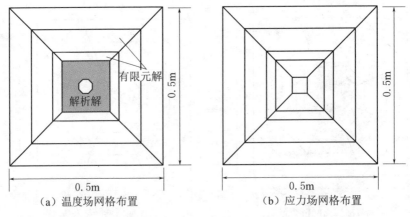

（a）温度场网格布置 　　　　　（b）应力场网格布置

图 4.3-3　薄壁结构第三种含水管混凝土网格布置示意

　　坝体结构各个坝段节点数量随坝的大小、坝段所在的位置、坝的类型不同而相差较大。对于施工期，坝体的温控措施研究往往是针对某个特定的坝段，岸坡坝段的网格规模往往较小而河床坝段网格规模则较为庞大。对于坝体，常见的水管布置为 $1.5m \times 1.5m$（水平间距×垂直间距），故可以采用图 4.3-4～图 4.3-6 网格尺寸进行布置（图中解析解区域实际半径为 0.1m）。图 4.3-4 的网格布置计算精度最高，但是节点数量庞大，计算效率很难达到要求。图 4.3-5 的网格布置可以较为有效地防止应力集中，但节点数量也偏多。图 4.3-6 的网格布置容易出现应力集中，但节点数量最少。实际应用时可以根据坝体的不同部位布置不同的网格模式，既满足计算精度又可达到合理的计算效率。图中解析解区域半径均为 0.1m。

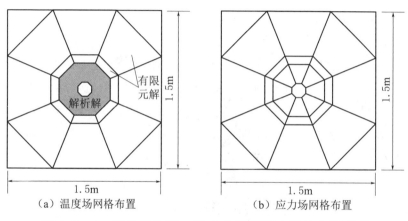

（a）温度场网格布置　　　　　　（b）应力场网格布置

图 4.3-4　坝体结构第一种含水管混凝土网格布置示意

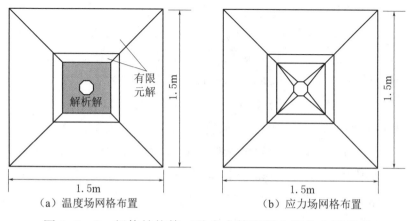

（a）温度场网格布置　　　　　　（b）应力场网格布置

图 4.3-5　坝体结构第二种含水管混凝土网格布置示意

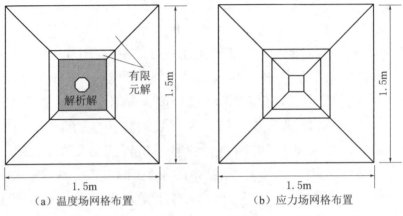

（a）温度场网格布置　　　　　　　（b）应力场网格布置

图 4.3-6　坝体结构第三种含水管混凝土网格布置示意

4.3.2　效率分析及网格剖分实例

4.3.2.1　效率分析

　　温度场和应力场有限元计算效率和有限元编程方式和计算机的硬件配置密切相关。采用主频 3.4GHz、i7 的 CPU 单机，本书编写的有限元计算程序计算 10 万个节点的温度场和应力场一步需要 73s。计算时间与节点的数量大致呈线性关系，如网格的形状不规则，则计算时间会有所增加。对于 100 万个节点的温度场和应力场，如果模拟期施工过程（400 步计算）大概需要 1.5d。对于坝高不超过 200m 的单个坝段，采用图 4.3-5 所示的网格布置形式，即使计算步骤达到 800 步，花费的时间也在 4.0d 以内，可以满足计算效率的需求。

4.3.2.2　水管剖分实例

　　某碾压混凝土坝高 64.3m。水管布置间距为 2.0m×2.0m（高度×宽度）。温度场采用本章所提的精确算法计算。剖分水管后的应力场网格如图 4.3-7 所示，水管周围网格如图 4.3-8 所示，共 15.6 万个节点和 14.0 万个单元。该坝体水管布置如图 4.3-9 所示，水管断面采用正八边形，水管局部放大图如图 4.3-10 所示。

　　图 4.3-11 为某泵站剖分水管后的应力场计算网格，图 4.3-12 为水管周围网格。由于下部流道和上部结构浇筑时间间隔较长，故计算下部流道时并没有对上部结构进行水管剖分。网格节点的数量为 7.1 万个，单元的数量为 5.9 万个。该泵站水管布置如图 4.3-13 所

示，水管断面采用正八边形，水管局部放大如图 4.3 - 14 所示。

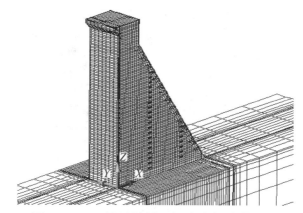

图 4.3 - 7　碾压混凝土坝应力场计算网格

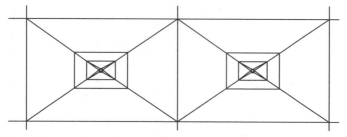

图 4.3 - 8　碾压混凝土坝应力场计算：冷却水管周围网格

图 4.3 - 9　碾压混凝土坝
冷却水管布置

图 4.3 - 10　碾压混凝土坝
冷却水管局部放大图

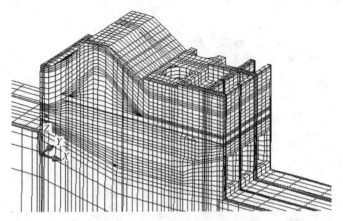

图 4.3-11 某泵站应力场计算网格

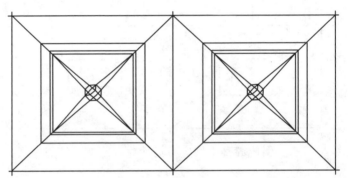

图 4.3-12 某泵站应力场计算：冷却水管周围网格

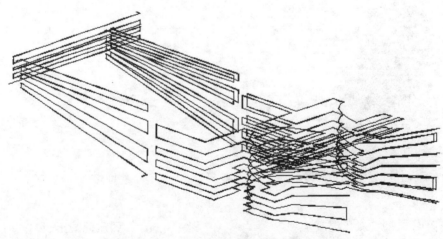

图 4.3-13 某泵站混凝土冷却水管布置

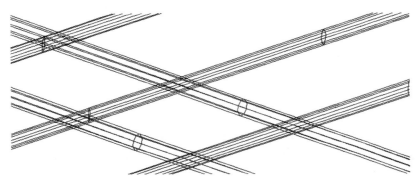

图 4.3－14　某泵站混凝土冷却水管局部放大图

4.3.3　工程应用实例

4.3.3.1　开裂机理

　　碾压混凝土坝（RCCD）以温控措施相对简单和快速连续施工为显著特点。工程界普遍认为碾压混凝土坝由于水化热低等特点，温控防裂问题较常规混凝土坝要小。碾压混凝土坝一般不会出现贯穿性裂缝，但大量的工程实践表明，RCCD 时有温度裂缝出现。朱伯芳指出碾压混凝土坝有以下特点：碾压坝体浇筑前一般要在基岩面浇筑 2m 厚的常规混凝土，然后停歇 2 个月左右再进行基岩固结灌浆，这是典型的薄层长间歇，很容易产生贯穿性裂缝；由于处于强约束区，这种裂缝很容易向上继续扩展，即使在上面浇筑新混凝土时布设钢筋也很难防止。

　　导致垫层开裂的原因很多，灌浆压力、地面凹凸不平引起的应力集中、自身体积变形受约束产生的应力和温度应力均可能导致垫层开裂。一般来说，灌浆压力引起的裂缝主要出现在灌浆期间的灌浆口附近，与施工质量有很大的关系。只要施工质量过关，灌浆压力引起的裂缝是可以避免的。地基的凹凸不平可引起应力集中进而导致垫层开裂，但垫层浇筑前一般都会整平地基。因此在施工质量有保证的情况下，最有可能导致垫层出现裂缝的原因可能是自生体积变形收缩受地基约束产生的应力和温度应力。跳仓浇筑和选用合适的水泥是控制自生体积变形的最常见做法。根据现场实际情况，高温季节浇筑长间歇混凝土，如间歇到低温季节，容易出现裂缝；

而低温季节浇筑混凝土，如在浇筑后气温逐渐增高，则很少出现裂缝。由此可见，垫层混凝土开裂除了和材料、浇筑温度有关外，还和外界气温密切相关。温度应力是导致垫层开裂的最主要原因。因此，温控是控制垫层开裂的最有效方法。

受气温、水管长度、通水流量等因素的影响，施工期垫层内部温度分布很不均匀，容易出现局部高温区。在地基强约束区（如垫层等），由于温降收缩受地基约束而引起的拉应力往往要大于坝体其余部位。特别是垫层内部的高温区，间歇期温降幅度要大于垫层其余部位混凝土，故温降收缩受地基约束引起的拉应力也要大于其余部位混凝土。在温降期，高温区混凝土的温降收缩、受昼夜温差影响垫层表面温度波动和内外温差是导致垫层混凝土开裂的最主要原因。以往实际工程中，垫层浇筑时也采取了一些保温措施，但未能有效地控制裂缝产生。合理的通水冷却防止垫层内部出现局部高温区，在温降期采取有效的保温措施以减小内外温差及由昼夜温差引起的垫层表面温度波动的幅度，是垫层防裂的关键。

4.3.3.2　含水管大体积混凝土精确算法的工程实例

本工程实例研究了官地 1 号坝段垫层的裂缝成因，用以论证本书提出的垫层开裂机理。官地碾压混凝土坝 1 号坝段垫层分两部分施工，其中第一部分（高程 1306—1307m）于 2009 年 8 月 31 日开始施工，第二部分（高程 1306—1307m）于 2009 年 9 月 5 日开始。根据当地的气温情况，9 月气温属于高温（工地现场浇筑期间日平均气温约为 25.0℃），施工结束后间歇 160.0d 后才开始浇筑上层混凝土，间歇到冬季时最低的日平均气温仅 14.0℃。

根据上述情况，该垫层混凝土属于典型的高温期浇筑后经历长间歇的混凝土。尽管该垫层在施工期采取了一系列包括通水冷却和表面保温在内的较为严格的温控防裂措施，但仍出现了 3 条裂缝（垫层的裂缝大约在浇筑后 120.0d 出现并逐渐扩展，裂缝数量也有所增加），其中最长裂缝沿左右岸方向横跨整个垫层，最大深度达1.0m 左右。计算模型的有限元网格如图 4.3-15 所示。

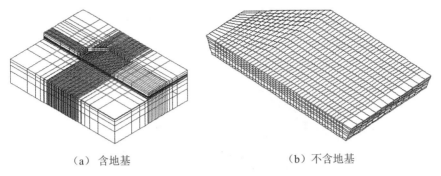

（a）含地基　　　　　　　　　　（b）不含地基

图 4.3-15　计算模型的有限元网格

设置两个工况：工况 1 模拟垫层浇筑的实际情况；工况 2 为工况 1 的对比工况，用来分析开裂机理并提出合理的温控方案。

工况 1：为了能够更好地体现温度波动对垫层表面应力的影响，在浇筑 0.0～30.0d 和 125.0～135.0d 期间，计算中考虑了昼夜温差。第一层混凝土浇筑 2.0d 后开始通水，通水时间持续 21.0d。水管距离地表 0.6m（图 4.3-16～图 4.3-18，黑色加粗线条代表水管位置），通水流量为 31.2m³/d。通水温度采用实测数据（温度区间为 8.5℃ 到 18.2℃）。通水方向始终为下游到上游方向。浇筑后垫层表面覆盖一层大坝保温被，保温时间持续 45.0d。浇筑温度也采用实测资料（图 4.3-19）。

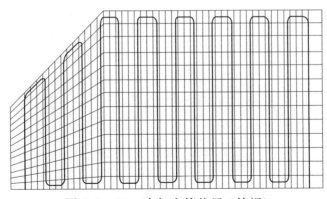

图 4.3-16　冷却水管位置（俯视）

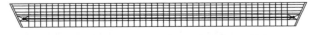

图 4.3-17　工况 1 冷却水管布置（前视）

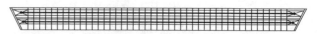

图 4.3 - 18　工况 2 冷却水管布置（前视）

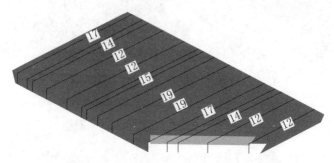

图 4.3 - 19　垫层各部位浇筑温度

工况 2：混凝土内部布置两根冷却水管，混凝土浇筑后即开始通水，通水时间持续 28.0d。一根水管距离地表 0.6m，而另一根水管距离地表 1.6m。通水过程一天换向一次。在整个间歇期，混凝土表面均覆盖 3 层大坝保温被。其余同工况 1。

垫层浇筑后，垫层内部埋设 3 个测点。为了更好地分析计算结果，本文选取了 2 个特征断面和 2 个特征点。在垫层施工过程中，布置了 3 个温度测点。所有的特征点和温度测点均在 1 号特征断面上。特征断面的位置如图 4.3 - 20 所示。为了在等值线图中更好地显示计算结果，在其余两个方向比例保持不变的情况下，长度方向的比例缩小为原来的 1/2。测点（C1～C3）和特征点（T1、T2）的位置见图 4.3 - 20。

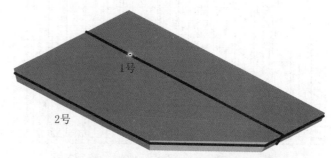

图 4.3 - 20　特征断面位置

要正确模拟垫层的应力历程，首先要正确模拟垫层的温度历程，该算例反演得到的测点的温度历程与实测值较为接近（图 4.3 - 22）。

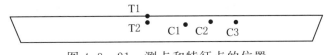

图 4.3-21　测点和特征点的位置

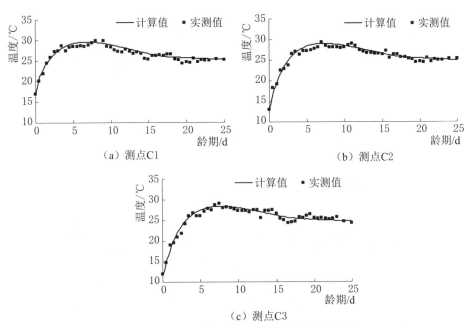

图 4.3-22　测点的计算值和实测值对比

　　工况 1 中，垫层内部只布置了一根冷却水管，而水管冷却范围有限，故只有一部分混凝土得到了充分的冷却。施工中，垫层混凝土的通水方向始终是下游通往上游。由于通水流量相对较低，进出口水温最大温差可达到 11.0℃，上游处的混凝土没能得到充分的冷却。工地现场采用了一些措施降低浇筑温度，但受外界高气温的影响，局部区域浇筑温度依然较高，最高达到 18.2℃。基于以上原因，浇筑早期垫层内部出现了较大范围的高温区，局部最高温度可达到 31℃以上（图 4.3-23）。浇筑期间日平均气温相对较高，可达到 25.0℃，浇筑期间昼夜温差较小；但浇筑后的第一个冬季外界气温逐渐下降，最低日均气温只有 14.0℃。冬季最大昼夜温差可达 20.0℃。在实际施工中，冬季垫层混凝土表面并没有采取保温措施，表面温度波动幅度很大。

在工况 2 中，垫层混凝土内部铺设 2 根冷却水管，且通水过程一天换向一次。对比图 4.3-23、图 4.3-24 可知，在工况 2 中，垫层混凝土内部温度分布较为均匀。工况 2 浇筑早期垫层内部最高温度为 28.5℃，且高温区范围较小。由于在冬季采取了有效的温控措施，对比工况 1，内外温差和垫层表面温度波动幅度均能有效减小。与工况 1 相比，工况 2 垫层表面特征点 T1 的温度波动幅度明显减小（图 4.3-25）。

图 4.3-23　工况 1 下浇筑 14.0d 后特征断面 1 的温度分布（单位:℃）

图 4.3-24　工况 2 下浇筑 14.0d 后特征断面 1 的温度分布（单位:℃）

工况 1 中，在内外温差和垫层表面温度波动的共同影响下，冬季垫层表面的拉应力很大。如特征点 T1 浇筑后 120.0d 达到最大拉应力 3.10MPa（第一主应力，下同），超过了允许抗拉强度；特征点 T2 处于高温区，冬季温降幅度很大，对应特征点 T2 拉应力也很大，可以达到 2.20MPa。

工况 2 垫层表面在整个间歇期都覆盖了 3 层保温被，垫层表面保温效果很好。因此，对比工况 1，内外温差和垫层表面温度波动幅度都得到了较为有效的控制，垫层表面应力也得到了较为有效的控制；由于采用了合理的通水措施，浇筑早期垫层内部高温区范围明显缩小，且局部最高温度也有所降低，垫层内部由于温降收缩受地基约束引起的拉应力也有了较为明显的减小。在控制内部最高温度和昼夜温差的情况下，相比工况 1，工况 2 的应力得到了有效的控制。图 4.3-25 和图 4.3-26 的特征点 T2，对比工况 1，工况 2 冬季该点的拉应力明显减小。

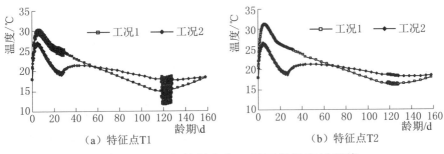

图 4.3-25　各特征点各工况下的温度过程线

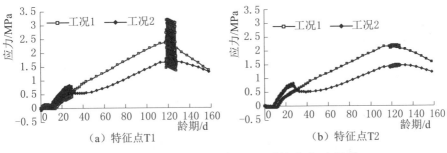

图 4.3-26　各特征点各工况下的应力过程线

对比图 4.3-27 和图 4.3-28 可知，拉应力大的区域和主要裂缝出现的区域为浇筑早期的高温区。这也可以说明温度应力是垫层出现裂缝的最主要原因。对比图 4.3-28 和图 4.3-29 可知，采用合理的温控措施后，温度应力可以得到较为有效的控制。

图 4.3-27　裂缝出现的区域（见文后彩图）

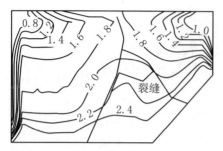

图 4.3-28　工况 1 特征断面 2
温度分布 （120.0d）

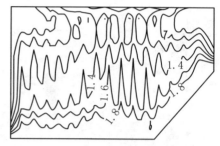

图 4.3-29　工况 2 特征断面 2
温度分布 （120.0d）

4.4　本章小结

对于大坝等大体积混凝土结构，通水冷却时最常见也是最难以模拟的是温控措施。本章系统地研究了精确算法和埋置单元法，做出以下改进：

（1）本章首先推导了水管附近混凝土温度梯度和水管中心的距离的关系式。由于水和水管壁的对流系数要远大于混凝土和空气的对流系数，因此在水管附近存在一个区域，在这个区域内混凝土温度梯度的方向和水管壁垂直并满足本书提出的关系。该区域的大小和结构的厚度以及结构混凝土材料有关。通过算例验证了薄壁墙体两侧温度小于 15℃时，由墙体两面温差引起的温度梯度可以忽略不计，与水管中心相距一定距离的区域，温度梯度能满足本书提出的水管附近混凝土温度梯度和水管中心的距离的关系。验证了对于非薄壁类混凝土，即使水管布置在边界附近，水管附近一定区域内的混凝土温度梯度和水管中心的距离也能满足本书提出的关系式。由于混凝土是热的不良导体，水管附近温度梯度很大且不均匀，但分布规律能很好地满足本书提出的关系式，而距离水管稍远的位置，温度梯度分布即相对较为均匀，可用有限元求解。计算结果表明该算法能精确计算出水管周围混凝土温度场，该算法还能精确地考虑塑料水管对水管周围混凝土温度场的影响。

（2）研究结果表明，采用埋置单元法进行大体积混凝土温度场计算时，需要采用虚拟的管壁放热系数进行计算，才可保证计算的精度。本研究参照精确算法，对埋置单元法的管壁放热系数进行反演分析，发现：①埋置单元法的管壁放热系数和浇筑温度、外界气温、通水流量、进口水温、混凝土绝热温升和混凝土导温系数均没有关系；②埋置单元法的管壁放热系数和混凝土的导热系数有密切关系，对于导热系数不同的混凝土，应选取不同的管壁放热系数进行反演分析，可通过精确算法和埋置单元法对比反演分析，确定不同导热系数情况下的管壁放热系。

（3）根据含水管混凝土体积大小，对模型网格布置和本书算法的效率进行了分析。应用本书的温度场仿真方法和应力场有限元计算方法对官地大坝垫层的温控防裂方法进行了分析。应用本书提出的计算方法，在精确计算温度场的情况下和对垫层开裂机理的研究基础上，对该垫层的应力场进行了计算分析并提出了相应的防裂方法。

第 5 章

大体积混凝土水化放热计算模拟

5.1 基于 Arrhenius 方程的考虑温度历程的混凝土水化放热反应

混凝土的绝热温升可以用绝热温升仪测出，也可以通过非绝热混凝土试块测点数据经反分析得出。一般情况下，通过非绝热试块得到的数据反分析计算获取绝热温升曲线的成本并不低，且往往不够精确。绝热温升仪虽然可精确测出混凝土绝热温升曲线，但绝热温升仪中的试块温度与真实情况下的温度一般差异较大；由于混凝土温度对混凝土水化放热速率往往有较大的影响，所以绝热温升仪获取的资料不能直接应用于工程实践中。因此，如何考虑混凝土温度对水化放热速率的影响，是混凝土温度场仿真计算中的一个重要的难点问题。现有的研究成果中对该问题的认识很多是建立在 Arrhenius 方程的基础上的，如国内学者张子明提出基于等效时间的混凝土水化放热计算模型，其表达式为

$$\begin{cases} \theta(t_e) = \dfrac{\theta_0 t_e}{M + t_e} \\ t_e = \displaystyle\sum_{0}^{i} \exp\left[\dfrac{E_a}{R}\left(\dfrac{1}{273 + T_r} - \dfrac{1}{273 + T}\right)\right]\Delta t_i \end{cases} \tag{5.1-1}$$

式中：θ_0 为绝热温升终值；M 为常数；t_e 为等效时间；Δt_i 为龄期的各个时段；T_r 为混凝土参考水化温度。

国外学者 Geeert D. S. 提出基于水化度的混凝土水化放热模型：

$$\begin{cases} q(\alpha,T)=q_{\mathrm{max},20}f(\alpha)g(T) \\ g(T)=\exp\left[\dfrac{E_{\mathrm{a}}}{R}\left(\dfrac{1}{293}-\dfrac{1}{273+T}\right)\right] \\ f(\alpha)=c\sin(c\pi)^{\alpha}\exp(-b\alpha) \end{cases} \tag{5.1-2}$$

式中：α 为水化度；$q(\alpha,T)$ 为温度 T 时的水化放热速率；$q_{\mathrm{max},20}$ 为混凝土温度为 20℃ 时的最大水化放热率；$g(T)$ 为温度函数；$f(\alpha)$ 为水化度函数。

这些研究成果在很大程度上提高了计算的精度，但对以下几个问题的研究仍存在不足：

（1）Arrhenius 方程中混凝土水化度和 E_{a}/R（混凝土活化能与气体常数比值）的关系被认为是常数或是与等效时间相关的固定形式的函数（如指数形式函数）。本章的试验表明，将该比值认为是常数或是固定形式的函数并不适用于所有混凝土。

（2）将混凝土的绝热温升曲线或等效的绝热温升曲线机械地套用某个特定类型的曲线（如指数形式、复合指数形式及双曲线形式）。试验表明，单一类型的曲线形式也并不适用于所有的混凝土。

（3）这些模型需要将混凝土的绝热温升曲线转化为基于等效时间的绝热温升曲线，或将绝热温升仪得到的绝热条件下的水化速率转化为标准状态下的水化速率，而不能直接应用绝热温升仪测量的结果，转化的过程是否会造成误差也有待研究。

基于前人的研究成果，本书对以上问题进行进一步研究，并提出了相应的解决方案。

5.1.1 混凝土水化度和活化能与气体常数的比值关系研究

5.1.1.1 控制方程

水泥水化是水泥的各种成分（C_2A、C_2S、C_3S 和 C_4AF）与水的反应。水泥的水化与温度有密切的关系，一般情况下，水泥水化的速度随着温度的升高而加快，低温状态下水泥的水化很缓慢。水泥的水化可以分为 5 个阶段，即初始水解期、诱导期、加速期、衰退期和稳定期。第一阶段发生在水泥和水混合后，持续时间为 15～30min，主要发生在混凝土的拌和时期；第二阶段发生在混凝土拌和、运输、浇筑过程中，持续时间为 1～3h；第三阶段发生在混凝土浇筑后，持续时间为 3～12h，甚至几天，直至达到水化放热速率峰值；混凝土达到水化放热高峰以后，水化放热速率开始逐渐减小并趋于稳定。水泥水化反应龄期与水化度的关系见图 5.1-1，分图（a）为水化时间与放热速率关系曲线，分图（b）为水化时间与水化度关系曲线。

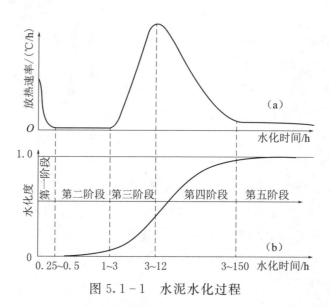

图 5.1-1　水泥水化过程

水化度即水化反应的程度，即与胶凝材料完全水化的状态相比，某一时刻水化反应达到的程度。根据水化度的定义和混凝土的热学特性，对于同种混凝土而言，无论其养护温度和龄期如何变化，只要具有相同的水化度，其热学性能也应该是相同的。由于相同数量胶凝材料水化所产生的热量可以认为是一定的，因此可以采取水化热量来定义水化度。对于不同温度混凝土水化反应速率的比较，也应建立在相同材料混凝土和相同水化度基础上。

设某混凝土单元龄期 τ 时刻的水化度为

$$\alpha(\tau) = \frac{Q(\tau)}{Q_u} \qquad (5.1-3)$$

式中：$Q(\tau)$ 为该混凝土单元龄期 τ 时刻前水化放热总量；Q_u 表示该混凝土单元最终水化放热总量。

研究表明，混凝土水化反应速率能较好地符合 Arrhenius 函数：

$$K(T) = A\exp\left[-\frac{E_a}{R}\frac{1}{T+273}\right] \qquad (5.1-4)$$

式中：$K(T)$ 为水化反应速率；A 为常数；E_a 为混凝土的活化能，J/mol；R 为气体常数，$J/(mol g \cdot K)$；T 为混凝土温度，℃。

由式（5.1-4）可以看出，对于水化度相同的混凝土，在温度分别为 T_a 和 T_b 时，水化反应的速率比可以表示为

$$\frac{K_b}{K_a} = \exp\left[\frac{E_a}{R}\left(\frac{1}{T_a+273} - \frac{1}{T_b+273}\right)\right] \qquad (5.1-5)$$

根据式（5.1-5），混凝土活化能和气体常数的比值可以表示为

$$\frac{E_a}{R} = \frac{\ln\left(\dfrac{K_b}{K_a}\right)}{\dfrac{1}{T_a+273} - \dfrac{1}{T_b+273}} \qquad (5.1-6)$$

5.1.1.2　混凝土绝热温升试验

试验绝热温升由混凝土热物理参数测定设备（又名"混凝土绝热温升仪"）测定，型号为 HR-2 [图 5.1-2 (a)]。

设备原理为：跟踪测定混凝土块中心的温度并调节仪器箱内温度，在考虑热损失的前提下，确保试块中心温度和试块边缘相等，从而达到绝热的效果。试验包括 3 个初温不同的混凝土块的绝热温升。混凝土各种材料的用量和拌和前的温度见表 5.1-1。拌和后，混凝土放入仪器时的温度分别为 9.5℃、20.7℃ 和 28.5℃，仪器测定最终绝热温升幅度分别为 39.82℃、38.32℃ 和 37.62℃（图 5.1-2）。

表 5.1-1　混凝土试块各种材料用量和拌和前的温度

材料用量		水	水泥	砂	石
		11.2kg	20.7kg	42.3kg	66.7kg
材料初温	试块 1	1.5℃	18℃	10℃	10℃
	试块 2	25.0℃	20.3℃	17.3℃	17.3℃
	试块 3	25.3℃	20.5℃	27.5℃	27.5℃

（a）试验设备

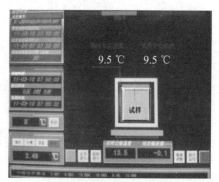
（b）第一个试块的初始温度

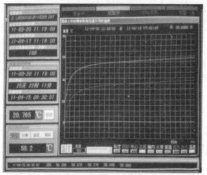
（c）第二个试块的初始温度和绝热温升曲线

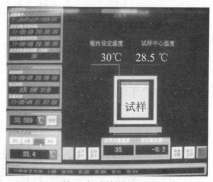
（d）第三个试块的初始温度

图 5.1-2　混凝土绝热温升试验（见文后彩图）

Feylessoufi A. 等的研究成果表明，如浇筑温度较高，则第一阶段（图 5.1-1）的水化放热不可以忽略。第一个试块混凝土拌和时水温为 1.5℃，因为各原材料温度低，拌和时水化反应慢（通常情况下，当浇筑温度低于 0℃时，可以认为水化反应停止），故该试块混凝土拌和（初温 9.5℃）时水化反应可忽略。相关文献表明，浇筑温度较高时，水泥砂浆拌和及水泥砂浆和粗骨料拌和损失的水化热不可以忽略，影响幅度可达到 2.0℃；本试验第二个和第三个试块混凝土拌和时，水温均在 25.0℃左右，水泥砂浆的水化反应不能忽略，分析时应补偿拌和水泥砂浆损失的水化热。另外对于第三个混凝土块，因为原材料在三个试块中初温最高，水泥砂浆和石子搅拌时，也有一定的水化反应，由此造成的水化热损失也应给予补偿。对混凝土搅拌损失的水化热进行补偿（即补偿后三个试块绝热温升的终值相等，考虑到初温 9.5℃试块混凝土拌和过程中水化放热损失较少，故认为其测得的绝热温升终值即为实际的绝热温升终值）后，混凝土的绝热温升和测量时间的关系见图 5.1－3。图 5.1－4 表示了不同浇筑温度下，混凝土水化度和水化反应速率的关系。三个混凝土试块的水化速率均在水化度为 0.22 左右达到峰值，然后迅速减小。

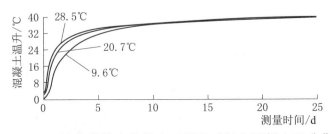

图 5.1－3　补偿搅拌水化损失后测量时间和混凝土温升曲线

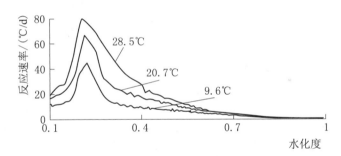

图 5.1－4　不同浇筑温度的混凝土水化度与反应速率关系

5.1.1.3　试验结果分析

根据式（5.1－6）和图 5.1－4 可以得到不同浇筑温度下混凝土水化度和 E_a/R 的关系，见图 5.1－5 和图 5.1－6。从图 5.1－5（a）和图 5.1－6（a）可以看出，水化度 $0.1 \leqslant \alpha \leqslant 0.7$ 的范围内，E_a/R 在 1800～7800 之间波动。从图 5.1－5（b）和图 5.1－6（b）可以看出，水化度大于 0.7 以后，尽管温度不同，但相同水化度下混凝土水化速率数值上相差不大，水化度接近 1.0，E_a/R 甚至小于 0。对比图 5.1－5 和图 5.1－6 可以看出，不同初温的两组试块得到的水化度和 E_a/R 关系的规律是一致的，但数值上有所区别。

对于相同水化度的混凝土，水化度 $\alpha \leqslant 0.7$ 时，温度高的混凝土的水化速率明显高于温度低的混凝土的水化速率。但当水化度 $\alpha > 0.7$

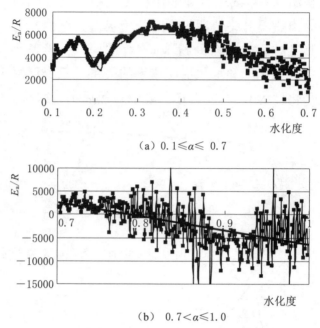

（a）0.1≤α≤0.7

（b）0.7<α≤1.0

图 5.1-5 第一个和第二个混凝土试块的水化度和 E_a/R 的关系

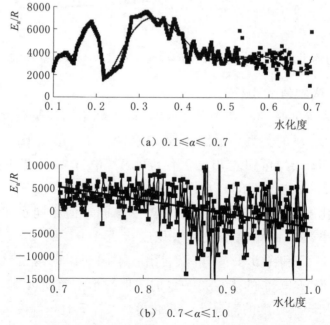

（a）0.1≤α≤0.7

（b）0.7<α≤1.0

图 5.1-6 第二个和第三个混凝土试块的水化度和 E_a/R 的关系

时，温度高的混凝土的水化速率接近甚至低于温度低的混凝土的水化速率。以往的研究表明，早期混凝土的温度高，混凝土的强度增加速率快，但后期强度却低于早期温度低的混凝土，因为混凝土材料水化时，水化生成物会阻碍水化的进行，早期温度高的混凝土水化生成物较为致密，相对于早期温度低的混凝土更容易阻碍未水化的材料水化。本书中，当水化度 $\alpha > 0.7$ 时，温度高的混凝土的水化速率接近甚至低于温度低的混凝土的水化速率的原因是：在试验后期，早期温度高的混凝土的水泥胶凝材料的水化受到水化生成物的阻碍要大于早期温度低的混凝土。

5.1.2 混凝土水化放热模型研究

5.1.2.1 混凝土绝热温升的表示形式

混凝土的绝热温升可以用指数形式、复合指数形式或双曲线形式表示，其中复合指数形式能较好地反映混凝土水化放热过程，但仍会出现较大的误差。参考朱伯芳的研究成果，本章将试验所得的绝热温升曲线根据时间 t_{e1}，t_{e2}，t_{e3}，$\cdots$，t_{em} 划分为 m 个时段，通过调整各个时段的参数 a_j 和 b_j 以确保拟合的绝热温升曲线与实测值相差在 $0.2℃$ 以内，混凝土绝热温升公式可以表示为

$$\theta_a(\tau_e) = \{\theta_0(1-e^{-a_j\tau_e^{b_j}})\}_{j=1,2,3,\cdots,m} \qquad (5.1-7)$$

式中：θ_0 为混凝土的绝热温升终值；a_j 和 b_j 为各个时段的曲线参数；τ_e 为混凝土的龄期。

对于式（5.1-7），如果 $m=1$，则为复合指数形式。图 5.1-7 为不同时段数混凝土绝热温升拟合值和实测值的关系。由图可知，在选取最优 a_j 和 b_j 的情况下，时段数和最大误差密切相关，当时段数 $m=1$ 时，最大误差为 $2.5℃$；而时段数 $m=6$ 时，最大误差仅为 $0.2℃$。可见，在精度要求较高的情况下，有必要采用多段连续曲线来拟合真实的绝热温升。

5.1.2.2 考虑温度历程的混凝土水化放热模型

设有两混凝土单元记为单元 A 和单元 B，单元 A 的边界为绝热边界，单元 B 的边界为任意散热边界。两块体的材料、体积均相同。

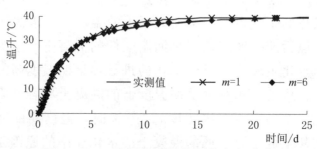

图 5.1 - 7　绝热温升的实测值与拟合值

对于单元 A，龄期为 τ_e 时刻的水化度为 α_A。由于边界绝热，自浇筑起到 τ_e 时刻，该混凝土单元水化放热总量为

$$Q_A(\tau_e) = \theta_A(\tau_e)c_c\rho_c \mathrm{d}v \tag{5.1-8}$$

对于单元 B，龄期为 τ 时刻的水化度为 α_B。龄期 $\Delta\tau_i$ 期间的胶凝材料水化放热速率为 K_i，那么该混凝土单元在该时段的水化放热量为

$$\Delta Q_{Bi} = K_i\Delta\tau_i c_c\rho_c \mathrm{d}v \tag{5.1-9}$$

以上式中：c_c 为试块混凝土比热；ρ_c 为试块混凝土密度；$\mathrm{d}v$ 为试块混凝土单元体积。

因此，自浇筑开始到 τ 时刻，该混凝土单元的水化放热总量为

$$Q_B(\tau) = \sum_{i=1}^{n} K_i\Delta\tau_i c_c\rho_c \mathrm{d}v \tag{5.1-10}$$

式中：$\tau = \sum_{i=1}^{n}\Delta\tau_i$；$n$ 为计算时间的总步数。

如果 τ_e 时刻单元 A 的水化度和 τ 时刻单元 B 的水化度相等，即满足：$\alpha_A = \alpha_B$。那么自浇筑起到 τ_e 时刻单元 A 水化放热总量也应与自浇筑起到 τ 时刻单元 B 水化放热总量相等，即

$$Q_A(\tau_e) = Q_B(\tau) \tag{5.1-11}$$

结合式 (5.1-7)、式 (5.1-8)、式 (5.1-10) 和式 (5.1-11)，有

$$\tau_e = \left[-\frac{1}{a_j}\ln\left(1 - \frac{\sum\limits_{i=1}^{n}K_i\Delta\tau_i}{\theta_0}\right) \right]^{\frac{1}{b_j}} \tag{5.1-12}$$

由此可见：τ 时刻单元 B 总能有对应的时刻 τ_e，使得 τ_e 时刻单元 A 的水化度和龄期为 τ 时刻单元 B 水化度相等。

对于单元 A，设龄期 $\Delta\tau_e$ 期间平均温度为

$$T_A = \frac{1}{2}(\theta_A(\tau_e) + \theta_A(\tau_e + \Delta\tau_e)) + T_p \qquad (5.1-13)$$

式中：T_p 为试块的浇筑温度。

对于单元 B，设龄期 $\Delta\tau$ 期间的平均温度为

$$T_B = \frac{1}{2}(T_\tau + T_{\tau+\Delta\tau}) \qquad (5.1-14)$$

如果单元 A 和单元 B 满足：单元 A 在龄期 τ_e 时刻和单元 B 在龄期 τ 时刻水化度相同，且单元 A 在龄期 $\tau_e + \Delta\tau_e$ 时刻和单元 B 在龄期 $\tau + \Delta\tau$ 时刻水化度相同，即单元 A 在 $\Delta\tau_e$ 时段内所释放的水化热与单元 B 在 $\Delta\tau$ 时段内所释放的水化热相等。此时，设单元 A 在 $\Delta\tau_e$ 期间的平均水化放热速率为 K_A，单元 B 在龄期 $\Delta\tau$ 时段水化放热速率为 K_B。由于绝热温升条件下 τ_e 与 $\tau_e + \Delta\tau_e$ 期间的平均水化放热速率为 K_A 可以表示为

$$K_A = \frac{\theta_A(\tau_e + \Delta\tau_e) - \theta_A(\tau_e)}{\Delta\tau_e} \qquad (5.1-15)$$

结合式（5.1-5）和式（5.1-15），有

$$K_B = \exp\left[\frac{E_a}{R}\left(\frac{1}{T_A+273} - \frac{1}{T_B+273}\right)\right]\left[\frac{\theta_A(\tau_e + \Delta\tau_e) - \theta_A(\tau_e)}{\Delta\tau_e}\right]$$
$$(5.1-16)$$

在混凝土计算域 R 内任何一点处，不稳定温度场 T 必须满足以下热传导控制方程：

$$\frac{\partial T}{\partial t} = \alpha\left[\frac{\partial^2 T}{\partial x^2} + \frac{\partial^2 T}{\partial y^2} + \frac{\partial^2 T}{\partial z^2}\right] + \frac{\partial\theta}{\partial\tau} \quad (\forall (x,y,z) \in R)$$
$$(5.1-17)$$

其中　$\dfrac{\partial\theta}{\partial\tau} = \exp\left[\dfrac{E_a}{R}\left(\dfrac{1}{T_A+273} - \dfrac{1}{T_B+273}\right)\right]\left[\dfrac{\theta_A(\tau_e + \Delta\tau_e) - \theta_A(\tau_e)}{\Delta\tau_e}\right]$
$$(5.1-18)$$

式中：T 为温度；α 为导温系数；θ 为混凝土在任意边界条件下的水

化放热；t 和 τ 分别为时间和龄期；R 为计算域。

　　由泛函驻值和时间域的向后差分，就可以得到有限元计算的支配方程。

　　由于单元 A 的 $\tau+\Delta\tau$ 时刻水化放热未知，故对应单元 B 的 $\tau_e+\Delta\tau_e$ 也未知，故需要迭代求解。假设 τ 时刻 $\Delta\tau_e=\Delta\tau$，根据式（5.1-12）、式（5.1-17）和式（5.1-18）计算 $\tau_e+\Delta\tau_{e1}$；再根据计算的 $\Delta\tau_{e1}$ 和根据式（5.1-12）、式（5.1-17）和式（5.1-18）计算 $\tau_e+\Delta\tau_{e2}$；重复计算直到获取稳定值。

5.1.3　算例

5.1.3.1　误差分析

　　该算例利用试块 1 的绝热温升，以及图 5.1-5 和图 5.1-6 所示的水化度和 E_a/R 的关系，分别计算第三个混凝土块的绝热温升，并对计算值和实测值进行了比较。

　　对于上述试验，利用式（5.1-7），对浇筑温度为 9.5℃ 的混凝土（第一个混凝土块）的绝热温升进行拟合，可以表示为

$$\theta(\tau)=\begin{cases}39.82(1-\exp(-0.32\tau^{1.36})) & (0.00\leqslant\tau<0.71)\\39.82(1-\exp(-0.59\tau^{2.94})) & (0.71\leqslant\tau<0.81)\\39.82(1-\exp(-0.41\tau^{1.07})) & (0.81\leqslant\tau<1.21)\\39.82(1-\exp(-0.42\tau^{0.88})) & (1.21\leqslant\tau<2.72)\\39.82(1-\exp(-0.50\tau^{0.70})) & (2.72\leqslant\tau<18.5)\\39.82(1-\exp(-0.01\tau^{2.04})) & (18.5\leqslant\tau<1000)\end{cases}$$

　　由图 5.1-5 和图 5.1-6 可知，两图 E_a/R 和水化度的关系尽管规律一致，但在数值上还是有所差异的。以下研究该数值上差异对计算精度的影响。

　　对于水化度 $0.1\leqslant\alpha\leqslant0.7$，从图 5.1-5（a）和图 5.1-6（a）中可以看出，E_a/R 和水化度的关系可以用两段曲线表示，可用 Excel 拟合该曲线。由于高温浇筑时的水化热损失，当 $0\leqslant\alpha<0.1$ 时，E_a/R 和水化度的关系无法根据试验获得，假定其为常数。对于 $0.7\leqslant\alpha\leqslant1.0$，该部分 E_a/R 随着水化度的增加而迅速减小，特别是水化度 $\alpha>0.7$ 以后，温度对水化反应速率影响很小，甚至出现温

度越高水化反应越慢的现象，从图 5.1-5（b）和图 5.1-6（b）可知该部分 E_a/R 和水化度可表示为线性关系。

试块 1 和试块 2 的计算结果可以表示为

$$\frac{E_a}{R}\begin{cases} =3000 & (0\leqslant\alpha<0.1) \\ =209590323.81\alpha^4-133194258.22\alpha^3+303890763.73\alpha^2 \\ \quad-2941066.62\alpha+106211.87 & (0.1\leqslant\alpha<0.212) \\ =-14389600.71\alpha^6+39372471.94\alpha^5-43698436.65\alpha^4 \\ \quad+25371944.53\alpha^3-8259417.21\alpha^2 \\ \quad+1454640.50\alpha-103198.94 & (0.212\leqslant\alpha<0.7) \\ =30000（0.88-\alpha） & (0.7\leqslant\alpha\leqslant1.0) \end{cases}$$

试块 2 和试块 3 的计算结果可以表示为：

$$\frac{E_a}{R}\begin{cases} =3000 & (0\leqslant\alpha<0.1) \\ =-590831529.43\alpha^4+350801708.75\alpha^3-76519002.11\alpha^2 \\ \quad+7298165.82\alpha-253998.20 & (0.1\leqslant\alpha<0.212) \\ =109722969.69\alpha^6-299079489.88\alpha^5+328396785.95\alpha^4 \\ \quad-184849714.16\alpha^3+55848162.93\alpha^2 \\ \quad-8517276.67\alpha+513033.55 & (0.212\leqslant\alpha<0.7) \\ =30000（0.80-\alpha） & (0.7\leqslant\alpha\leqslant1.0) \end{cases}$$

根据试块 1 的绝热温升曲线以及图 5.1-5 和图 5.1-6 的 E_a/R 和水化度关系，分别反演试块 3 的绝热温升曲线（图 5.1-8）。图 5.1-8（a）中的反演值 1 和图 5.1-8（b）中的反演值 2 分别是根据图 5.1-5 和图 5.1-6 计算得出的。对比图 5.1-8（a）和图 5.1-8（b）可知，尽管图 5.1-5 和图 5.1-6 的曲线在数值上有所差异，但对反演结果的影响较小，计算精度均较高，故可以认为：在水化度相同的情况下，温度对混凝土水化反应的速率影响满足 Arrhenius 方程；$0\leqslant\alpha<0.1$ 时，E_a/R 可以认为是常数；$0.1\leqslant\alpha\leqslant0.7$ 时，E_a/R 和水化度之间存在某种曲线关系，该曲线可以由多项式来表达；$\alpha>0.7$ 时，E_a/R 和水化度可以认为是线性关系。

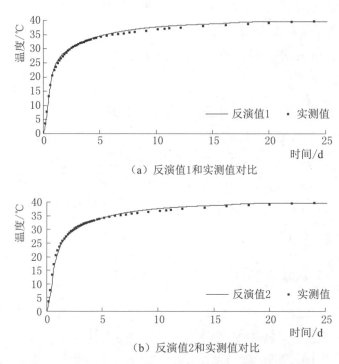

（a）反演值1和实测值对比

（b）反演值2和实测值对比

图 5.1-8　第三个试块绝热温升计算值和反演值对比

5.1.3.2　解的统一性证明

本小节采用算例证明，使用本书的水化放热模型计算非绝热条件下的混凝土温度历程，无论采用何种初温的绝热水化放热公式，其计算的结果均是一致的。

算例的网格和特征点的位置如图 5.1-9 所示。

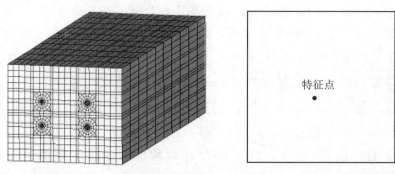

图 5.1-9　算例的网格和特征点位置示意（在模型沿水流方向对称面上）

计算条件如下：

工况 1：采用铁管，水管边界为一类边界条件，混凝土初始浇筑温度 15℃，混凝土浇筑后即开始通水温 15℃的冷却水。计算应用初始浇筑温度为 9.5℃的绝热温升公式，采用本书提出的水化放热模型计算。

工况 2：计算参数和边界条件均同工况 1，采用上述试验中初始浇筑温度为 20.7℃的绝热温升公式，表达式为

$$\theta(\tau)=\begin{cases} 39.82\times(1-\exp(-0.30\tau^{1.23})) & (0\leqslant\tau<0.71)\\ 39.82\times(1-\exp(-0.76\tau^{3.93})) & (0.71\leqslant\tau<0.78)\\ 39.82\times(1-\exp(-0.42\tau^{1.46})) & (0.78\leqslant\tau<0.99)\\ 39.82\times(1-\exp(-0.42\tau^{0.86})) & (0.99\leqslant\tau<3.29)\\ 39.82\times(1-\exp(-0.52\tau^{0.68})) & (3.29\leqslant\tau<19.8)\\ 39.82\times(1-\exp(-0.01\tau^{2.01})) & (19.8\leqslant\tau<1000) \end{cases}$$

计算结果如图 5.1－10～图 5.1－13 所示，由图可知，尽管采用了不同浇筑温度的绝热温升，但温度场计算结果差别很小，最大误差仅为 0.3℃左右。

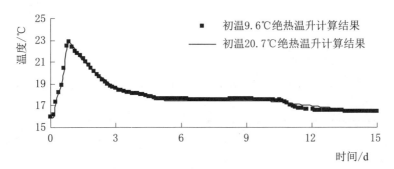

图 5.1－10　不同浇筑温度绝的热温升公式特征点温度过程线对比

5.1.3.3　温度对混凝土水化放热速率影响

本算例特征断面和特征点均同 5.1.3.2 部分。

工况 1：采用考虑温度历程的水化放热模型，混凝土材料同上述试验；气温设定为 10℃，浇筑温度为 18℃，浇筑后即开始通水，水温 15.0℃；表面放热系数 1000kJ/(m² · d · ℃)。本节采用初温 9.6℃绝热温升公式和试块 1、试块 2 的参数进行计算。

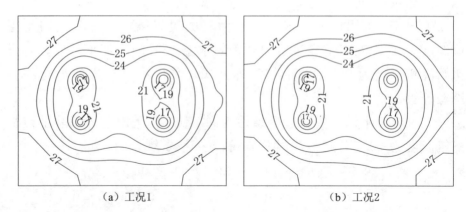

（a）工况1　　　　　　　　　　（b）工况2

图 5.1-11　工况 1 和工况 2 在龄期 1.0d 时特征断面温度分布对比（单位：℃）

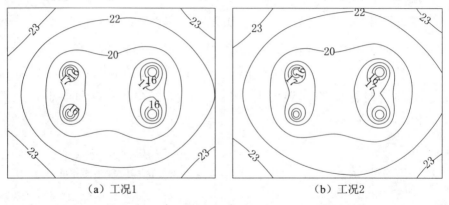

（a）工况1　　　　　　　　　　（b）工况2

图 5.1-12　工况 1 和工况 2 在龄期 3.0d 时特征断面温度分布对比（单位：℃）

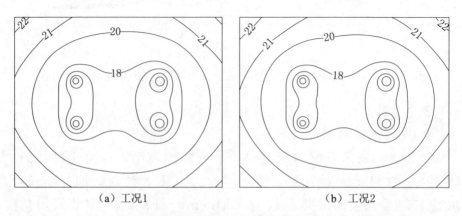

（a）工况1　　　　　　　　　　（b）工况2

图 5.1-13　工况 1 和工况 2 在龄期 7.0d 时特征断面温度分布对比（单位：℃）

工况 2：不考虑温度对混凝土水化速率影响，其余条件同工况 1。

工况 3：采用考虑温度历程的水化放热模型，混凝土材料同上述试验；气温设定为 35℃，浇筑温度为 28℃，浇筑后即开始通水，水温 25.0℃；表面放热系数 1000kJ/(m² · d · ℃)。

工况 4：不考虑温度对混凝土水化速率影响，其余条件同工况 3。

由图 5.1-14～图 5.1-16 可知，工况 1 和工况 2 计算结果的差异很大，而工况 3 和工况 4 计算结果的差异却相对较小。由此可知，如不考虑温度对混凝土水化放热速率影响，计算的精度容易因为绝热温升试块的温度历程和现场浇筑混凝土结构的温度历程有较大的差异而受影响，可能会出现较大的计算误差。

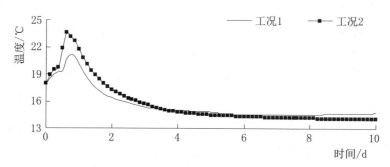

图 5.1-14　工况 1 和工况 2 的特征点温度历时曲线

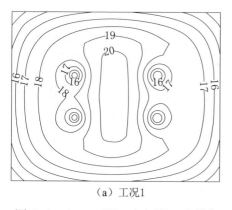

（a）工况 1

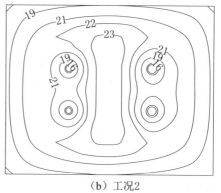

（b）工况 2

图 5.1-15　工况 1 和工况 2 在龄期 0.625d 的特征断面温度分布（单位：℃）

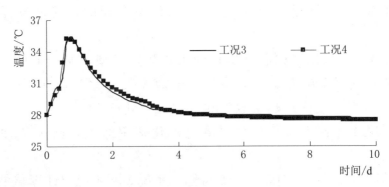

图 5.1-16 工况 3 和工况 4 的特征点温度历时曲线

5.2 混凝土温度场迭代计算收敛性

薄壁结构混凝土通常水化放热较高，水化放热速率较快，容易形成较大的基础温差和内外温差而开裂。薄壁混凝土施工期内部温度受环境影响显著，有必要研究混凝土自身温度历程对其水化放热和力学性能的影响。

薄壁结构混凝土的水化放热通常在浇筑初期发挥作用。通常认为，不添加粉煤灰的硅酸盐普通水泥拌和的混凝土水化放热可通过绝热温升仪较为精确地测量。中低热水泥拌和的或添加大量粉煤灰的混凝土水化放热是个持续而缓慢的过程，晚龄期混凝土水化放热速率通常仅有 0.01～0.02℃，目前的绝热温升仪器无法满足该精度要求。薄壁结构混凝土厚度小于 1.5m，散热相对较快，每天 0.01～0.02℃温升对于结构的温度场并不会产生实质性的影响。故对于薄壁结构混凝土，考虑混凝土自身温度历程对其水化放热性能影响的模型只需准确反映混凝土浇筑初期的热学性能即可。

由于混凝土温度对混凝土水化放热速率往往有较大的影响，所以绝热温升仪获取的资料不能直接应用于工程实践中。因此，如何考虑混凝土温度对水化放热速率的影响，是混凝土温度场仿真计算中的一个重点和难点问题。现有的研究成果中对该问题的认识很多是建立在 Arrhenius 方程的基础上。其中，上述考虑结构自身混凝土对水化放热速率影响的算法虽然具有较高的计算精度，能考虑不同类型混凝土的放热特性，并将任意环境下混凝土的龄期转化成绝热状态下混凝土的龄期。该方法能够在水化放热总量未知的情况下分析任意环境下早期中热混凝土的热力学性能，故较为适合薄壁结构混凝土热学性能的研究。然而该方法仍需改进，具体体现在以下几个方面：

1）对于任意边界条件，该方法迭代不容易收敛，书中提出的方法只在计算步长很短的情况下才能实现收敛，计算量很大，对于高热混凝土，时常出现不收敛的情况。

2）混凝土的力学性能也和自身温度历程相关，该算法并没有进行相应研究。

3）研究和实践表明，薄壁结构采用冷却水管能够有效地控制裂缝的扩展。水管冷却的精确算法和考虑混凝土自身温度历程对其水化放热性能影响的模型之间的耦合关系需要进一步研究。

针对这些问题，本书对考虑自身混凝土影响水化放热速率的算法进行改进，以解决该算法的收敛性、与水管算法的耦合等问题，并在该算法的基础上提出考虑自身温度历程的应力算法。研究结果表明，将该算法应用于泄洪洞中，具有良好的收敛性且能够较大程度的改进计算结果。

5.2.1 水化放热模型改进

5.2.1.1 三次样条曲线表达

绝热试块的龄期和 E_a/R 的关系用三次样条曲线表示。在区间 $[a,b]$ 上，已经 n 个节点，$S(x)$ 在该区间上二阶导数连续，即在节点 $x_j(j=1,2,3,\cdots,n-1)$ 处应满足连续性条件。除以上条件外，还要满足边界条件，该处选择自然边界条件，即

$$S''(x_0) = S''(x_n) = 0 \qquad (5.2-1)$$

设三次样条曲线可表示为

$$S(x) = M_j \frac{(x_{j+1}-x)^3}{6h_j} + M_{j+1} \frac{(x-x_j)^3}{6h_j} + \left(y_j - \frac{M_j h_j^2}{6}\right)\frac{x_{j+1}-x}{h_j}$$

$$+ \left(y_{j+1} - \frac{M_{j+1} h_j^2}{6}\right)\frac{x-x_j}{h_j} \quad (j=1,2,3,\cdots,n-1) \quad (5.2-2)$$

式中：M_j 和 M_{j+1} 为系数，$h_j = x_{j+1} - x_j$。

在上述条件下，$M_1 \sim M_n$ 等满足以下关系：

$$
\begin{bmatrix}
2 & 0 & & & \\
\mu_1 & 2 & \lambda_1 & & \\
& & \vdots & & \\
& & \mu_{n-1} & 2 & \lambda_{n-1} \\
& & & 0 & 2
\end{bmatrix}
\begin{bmatrix}
M_1 \\
M_2 \\
\vdots \\
M_{n-1} \\
M_n
\end{bmatrix}
=
\begin{bmatrix}
d_1 \\
d_2 \\
\vdots \\
d_{n-1} \\
d_n
\end{bmatrix}
\qquad (5.2-3)
$$

其中 $\mu_j = \dfrac{h_{j-1}}{h_{j-1}+h_j}$　$\mu_j = \dfrac{h_j}{h_{j-1}+h_j}$　$d_j = 6\,\dfrac{f\left[x_j,\ x_{j+1}\right] - f\left[x_{j-1},\ x_j\right]}{h_{j-1}+h_j}$

5.2.1.2　迭代方式的改进

对于处于水化初期的混凝土，自身温度和放热速率是成正比关系的，即自身温度越高，水化放热速率越快，同时水化放热速率越快，自身温度也越高。混凝土的自身温度和水化放热是相互促进的关系，故只要选择正确的绝热温升表达形式，迭代是很容易收敛的。绝热温升表达形式多样，且对算法的收敛性有很大的影响，以下分析几种绝热温升表达形式。

1. 三次样条曲线表达的绝热温升公式

为了保障收敛，绝热试块的龄期和温升值的关系曲线需要二阶导数连续，三次样条曲线即可满足该性能。应用三次样条曲线能较好地表达试块的早期放热特性且具有很好的收敛性能，高热混凝土温度场计算时，计算步长达到 0.5d 时都可收敛，足以满足工程设计需求。

整理式（5.2-2），水化放热和等效龄期 τ_e 之间的关系可以表示为

$$
S(\tau_e) - \theta = 0 \qquad (5.2-4)
$$

式（5.2-4）为一元三次方程，求解的难度不大。

2. 双曲线表达的绝热温升公式

蔡正咏建议用双曲线式表示绝热温升：

$$
\theta(\tau_e) = \frac{\theta_0 \tau_e}{n + \tau_e} \qquad (5.2-5)
$$

式中：n 为常数；θ_0 为绝热温升终值；τ_e 为混凝土的龄期。

如果采用双曲线公式，则有

$$\tau_e = \frac{\theta n}{\theta_0 - \theta} \qquad (5.2-6)$$

应用双曲线绝热温升表达形式也有较好的收敛性，高热混凝土温度场计算时，计算步长达到 0.5d 时都可收敛，足以满足工程设计需求。该曲线所含的参数较少，故编程较为简单，但很难反映出浇筑初期混凝土水化放热的特性。

3. 复合指数表达的绝热温公式

朱伯芳提出用复合指数形式表示水泥水化热和混凝土绝热温升，与试验资料也符合得比较好，表示为

$$\theta(\tau_e) = \theta_0(1 - e^{-a\tau_e^b}) \qquad (5.2-7)$$

式中：a 和 b 均为常数；θ_0 为绝热温升终值；τ_e 为混凝土的龄期。

如果采用复合指数公式，则为

$$\tau_e = \left[\frac{-\ln\left(1 - \dfrac{\theta}{\theta_0}\right)}{a} \right]^{\frac{1}{b}} \qquad (5.2-8)$$

设绝热温升公式变化引起对应龄期的变化用以下公式表示：

$$\Delta\tau = \tau(\theta + \Delta\theta) - \tau(\theta) \qquad (5.2-9)$$

为了使迭代收敛，$\Delta\tau$ 越小则收敛性越好，因此，即使不同的绝热温升公式表达的绝热温升曲线一致，其收敛性也可能相差很大。采用三次样条曲线表达绝热温升时，τ_e 和 $\theta^{\frac{1}{3}}$、$\theta^{\frac{1}{2}}$ 以及 θ 呈线性关系，并未出现高次项的情况，故具有较好的收敛性，即使是高热混凝土，也能实现迅速收敛。同样，双曲线表达的绝热温升公式也具有较好的收敛性。对于复合指数公式，收敛条件和参数 b 有很大的关系，根据式（5.2-8）计算且当 b 数值很小时，会出现高次项，收敛较为困难，故当 b 小于 0.5 时，用双曲线式表示绝热温升就不再适用了。

考虑自身温度历程的水化放热模型和含水管大体积混凝土温度场计算模型均需要通过迭代求解。计算结果表明，合理的迭代流程对计算结果的收敛起到十分重要的作用。迭代流程如下：①赋予初始的 A 区和 B 区交界面的温度和初始的混凝土水化速率，并计算初始的温度场；②根据计算的温度场，同时计算新的 A 区和 B 区交界面的温度和新的混凝土水化速率；③重新计算温度场并判断是否收敛；④如计算收敛则计算结束，如计算不收敛则将计算所得的 A 区和 B 区交界面的温度和混凝土水化速率作为初始条件，重新计算。

5.2.2　考虑自身温度历程的力学性能变化发展

5.2.2.1　应力计算的增量法

混凝土浇筑后，非应力变形所形成的节点荷载增量包括温度引起的单元节点荷载增量、自身体积变形引起的单元节点荷载增量、干缩引起的单元节点荷载增量和徐变引起的单元节点荷载增量。将计算分成 n 步，则第 n 步新增荷载可以表示为

$$\left.\begin{aligned}
\{\Delta P_n\}_e^{\mathrm{T}} &= \iiint [B]^{\mathrm{T}}[\overline{D}_n]\{\Delta\varepsilon_n^{\mathrm{T}}\}\mathrm{d}x\mathrm{d}y\mathrm{d}z \\
\{\Delta P_n\}_e^{\mathrm{O}} &= \iiint [B]^{\mathrm{T}}[\overline{D}_n]\{\Delta\varepsilon_n^{\mathrm{O}}\}\mathrm{d}x\mathrm{d}y\mathrm{d}z \\
\{\Delta P_n\}_e^{\mathrm{S}} &= \iiint [B]^{\mathrm{T}}[\overline{D}_n]\{\Delta\varepsilon_n^{\mathrm{S}}\}\mathrm{d}x\mathrm{d}y\mathrm{d}z \\
\{\Delta P_n\}_e^{\mathrm{C}} &= \iiint [B]^{\mathrm{T}}[\overline{D}_n]\{\Delta\varepsilon_n^{\mathrm{C}}\}\mathrm{d}x\mathrm{d}y\mathrm{d}z
\end{aligned}\right\} \tag{5.2-10}$$

式中：$\{\Delta P_n\}_e^{\mathrm{T}}$，$\{\Delta P_n\}_e^{\mathrm{O}}$，$\{\Delta P_n\}_e^{\mathrm{S}}$，$\{\Delta P_n\}_e^{\mathrm{C}}$ 分别表示温度引起的单元节点荷载增量、自身体积变形引起的单元节点荷载增量、干缩引起的单元节点荷载增量和徐变引起的单元节点荷载增量。

用节点力和节点荷载采用编码法加以集合，得到整体平衡方程：

$$[K]\{\Delta\delta_n\} = \{\Delta P_n\}^{\mathrm{T}} + \{\Delta P_n\}^{\mathrm{O}} + \{\Delta P_n\}^{\mathrm{S}} + \{\Delta P_n\}^{\mathrm{C}}$$

$$\tag{5.2-11}$$

根据式（5.2-11）可以求出总的应力、应变和位移等。如应变

的总量可以表示为

$$\delta = \sum \{\Delta \delta_n\} \qquad (5.2-12)$$

5.2.2.2 温度历程对混凝土力学性能的影响

环境对混凝土水化放热影响的程度和龄期密切相关。浇筑初期，混凝土的自身温度越高，则混凝土的强度发展越快。但早期温度太高对后期混凝土应力的发展不利，早期温度越高则后期混凝土抗拉强度往往越低。早期混凝土的温度高，混凝土的强度增加速率快，但后期强度低于早期温度低的混凝土。混凝土材料水化时，水化生成物会阻碍水化的进行；早期温度高的混凝土水化生成物较为致密，比早期温度低的混凝土更容易阻碍材料后期水化。

以往的研究成果还表明，晚龄期混凝土水化速度及水化量与自身温度关系不大，混凝土强度的增长和混凝土自身温度的关系也不大。本书提出的考虑自身温度历程的水化放热模型，能根据绝热状态下的混凝土水化速率和水化度计算出任意边界条件下的混凝土水化速率，式中的水化度为相对水化度，故即使未知最终的混凝土放热量，仍可依据绝热条件下水化放热速率计算出任意放热条件下混凝土浇筑初期的水化放热速率和早期的混凝土力学性能参数。

与温度历程相关的混凝土力学性能参数主要包括混凝土的抗拉强度、自身体积变形和混凝土的抗拉弹模。由于温度场计算结束时混凝土实际龄期所对应的绝热状态下的龄期（即下文的相对龄期）是已知的，故可根据绝热状态下的混凝土力学性能参数推导出任意环境下混凝土力学性能参数。

由于混凝土的抗拉弹模和混凝土的抗拉强度曲线等力学性能参数均是混凝土在标准养护情况下得到的，故需要将标准养护状态下混凝土的力学性能参数转化为绝热条件下的混凝土的力学性能参数。混凝土的实际龄期和相对龄期存在以下关系：

$$\tau_e = \begin{cases} \theta^{-1}(\tau) & \tau_e \leqslant 28 \\ t + t_{e,28} - 28 & \tau_e \geqslant 28 \end{cases} \qquad (5.2-13)$$

式中：t 为混凝土实际龄期；τ_e 为相对龄期；$t_{e,28}$ 实际 28d 龄期时所对应的相对龄期。

计算流程：①根据标准养护条件下混凝土的力学性能推算出绝热状态下混凝土力学性能；②根据混凝土的实际龄期以及有限元计算得到放热条件下混凝土放热量，计算出混凝土相对龄期；③计算考虑温度历程的混凝土力学性能参数。

5.2.3 工程实例

白鹤滩大坝，坝高为 300m 级拱坝，本书依托白鹤滩水电站泄洪洞混凝土材料性能试验进行相关研究。

5.2.3.1 绝热条件下的力学性能

混凝土的绝热温升、标准养护条件下自身体积变形和弹模发展的原始拟合数据见表 5.2-1。

表 5.2-1   混凝土的绝热温升、弹模和自生体积变形

项 目	拟合公式	A	a	b
绝热温升		46℃	0.83	0.5
弹性模量	$A(1-e^{-a\tau_e^b})$	3.7GPa	0.3	0.5
自生体积变形		$-28\mu m$	-0.25	0.5

参考前文的研究结果，混凝土活化能和气体常数的比值和龄期的关系如图 5.2-1 所示。

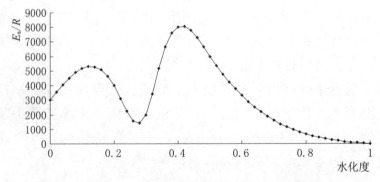

图 5.2-1   混凝土活化能和气体常数的比值和龄期的关系

混凝土的绝热温升发展如图 5.2-2 所示。根据计算结果，绝热

和标准养护条件下的龄期、自生体积变形和弹模发展如图 5.2-3～图 5.2-5 所示。

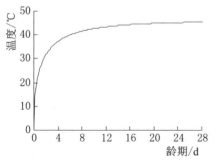

图 5.2-2　绝热温升发展过程

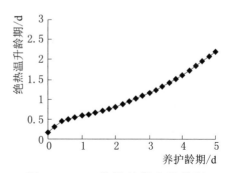

图 5.2-3　养护龄期和绝热温升龄期关系

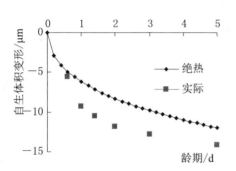

图 5.2-4　绝热和标准养护条件下自生体积变形

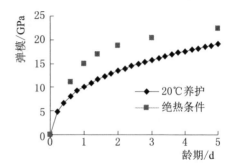

图 5.2-5　绝热和标准养护条件下弹模

5.2.3.2　计算条件和工况

（1）气温和水温条件见表 5.2-2。

表 5.2-2　　　　　　气 温 和 水 温 条 件

项目	1月	2月	3月	4月	5月	6月	7月	8月	9月	10月	11月	12月
气温/℃	13.5	16.4	20.5	25.7	26.8	26.8	27.4	27.2	24.6	21.5	18.3	14.3
水温/℃	10.7	12.5	15.4	18.7	21	22.3	21.8	21.8	20.1	17.9	14.6	11.4
室温/℃	13.5	14.4	16.8	20	23.21	25.6	26.4	25.5	23.21	20	16.8	14.4

（2）模型和特征点。本书采用半解析有限元迭代逼近算法和埋置单元法共同计算衬砌的温度场和应力场。模型长 60m，采用埋

153

置单元模型计算沿长度方向 $0\sim24\mathrm{m}$ 和 $36\sim60\mathrm{m}$ 之间混凝土的温度场和应力场，采用半解析有限元迭代逼近法模型计算其余区域混凝土温度场和应力场。混凝土结构有限元模型网格如图 5.2-6 和图 5.2-7 所示，衬砌混凝土外侧为 10 倍洞室直径的基岩。水管间距 1m，水管与基础以及特征点位置关系如图 5.2-8 所示。

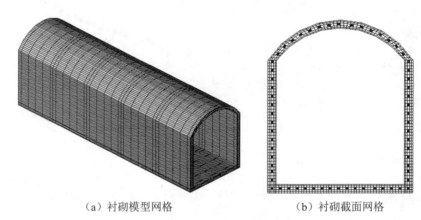

（a）衬砌模型网格　　　　　　　（b）衬砌截面网格

图 5.2-6　计算模型

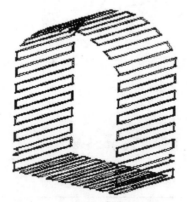

图 5.2-7　一个施工段的混凝土冷却水管布置

（3）施工方法。泄洪洞开挖分三层进行。泄洪洞衬砌混凝土施工分两序进行浇筑。第 I 序先浇筑底板混凝土，为方便施工，底板混凝土浇筑同时浇筑边墙 1.5m，底板混凝土全幅浇筑，即将底板一次浇筑完毕；第 II 序浇筑剩下的衬砌混凝土。泄洪洞开挖完成到开始进行衬砌混凝土浇筑，间隔时间为 1 年。混凝土施工时，底板

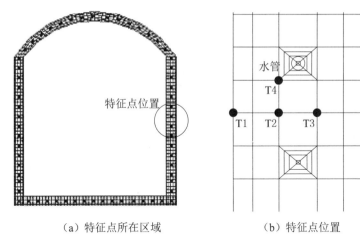

（a）特征点所在区域　　　　（b）特征点位置

图 5.2-8　特征点位置及其与冷却水管的位置关系

混凝土浇筑完成至边顶拱混凝土浇筑，间隔时间为 60d。泄洪隧洞
衬砌混凝土采用钢模台车分段施工，每段长度 12m，每段衬砌之间
设施工环向缝，每 12m 长度间歇 6d。

（4）计算工况。按试验标准，养护温度为 20℃。一般而言，混
凝土自身温度小于绝热温升温度，故浇筑温度和外界气温越低，自
身温度对放热速率的影响越明显。因此，本书分析区域取冬季浇筑
侧墙混凝土。

工况 1：将该泄洪洞段 24～36m 长的混凝土作为分析重点，1
月浇筑。控制混凝土浇筑温度为 16℃。采取通水冷却措施，通水时
间 10d，进口水温 20℃（当河水温度小于 20℃时，采用河水）。水
管长度在 250m 左右，采用大流量通水（48m^3/d），避免沿程水温对
混凝土温度造成影响。考虑混凝土自身温度历程对混凝土温度和应
力性能的影响。

工况 2：不考虑混凝土自身温度历程对混凝土温度和应力性能
的影响，其余同工况 1。

5.2.3.3　计算结果分析

不考虑温度历程的半解析有限元迭代逼近法和考虑温度历程的
耦合方法迭代的次数均为 5～7 次，计算效率并没有明显的降低。根
据图 5.2-9～图 5.2-12，考虑水化放热的温度峰值和第一主应力

（文中的应力均为第一主应力）较不考虑时明显要小。表面点 1 和水
管附近点 4 温度和应力下降的比例也明显大于远离水管的特征点 3。
从特征断面的温度和应力分布（图 5.2-13～图 5.2-16）也可以看
出，温度历程的作用较明显。

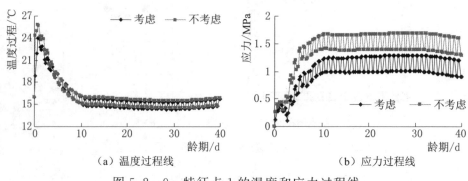

（a）温度过程线　　　　　　　　　（b）应力过程线

图 5.2-9　特征点 1 的温度和应力过程线

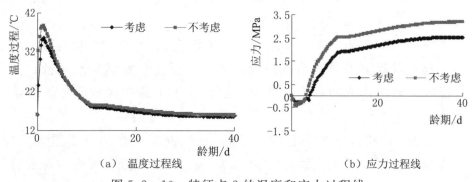

（a）温度过程线　　　　　　　　　（b）应力过程线

图 5.2-10　特征点 2 的温度和应力过程线

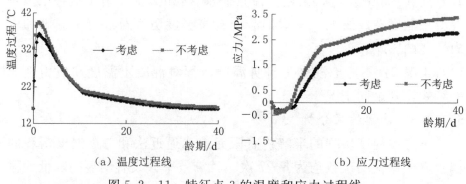

（a）温度过程线　　　　　　　　　（b）应力过程线

图 5.2-11　特征点 3 的温度和应力过程线

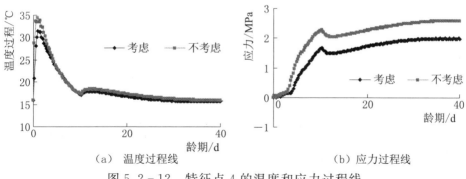

（a）温度过程线　　　　　　　（b）应力过程线

图 5.2-12　特征点 4 的温度和应力过程线

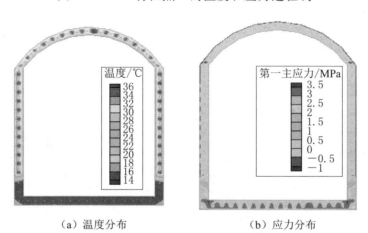

（a）温度分布　　　　　　　（b）应力分布

图 5.2-13　考虑自身温度影响时侧墙浇筑 1.5d 后的
温度和应力分布（见文后彩图）

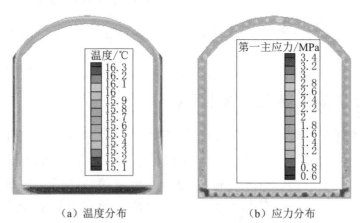

（a）温度分布　　　　　　　（b）应力分布

图 5.2-14　考虑自身温度影响时侧墙浇筑 40.0d 后
温度和应力分布（见文后彩图）

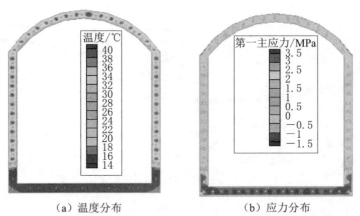

（a）温度分布　　　　　　　　　（b）应力分布

图 5.2-15　不考虑自身温度影响时侧墙浇筑 1.5d 后
温度和应力分布（见文后彩图）

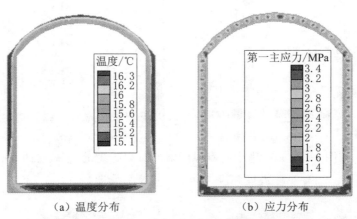

（a）温度分布　　　　　　　　　（b）应力分布

图 5.2-16　不考虑自身温度影响时侧墙浇筑 40.0d 后
温度和应力分布（见文后彩图）

5.3　晚龄期混凝土的水化放热分析

绝热温升仪由于分辨力引起的误差和仪器精度及混凝土导温系数有关。一般情况下，绝热温升仪能保障的测量精度很难超过 0.06℃/d，故绝热温升仪不能精确测量龄期超过 28d 的混凝土。晚龄期混凝土的抗压强度是可以方便测量的，故可以建立混凝土抗压强度和水化放热量的关系模型，进而得到晚龄期混凝土的水化放热量和水化放热速率。

158

混凝土胶凝材料包括硅酸二钙（C_2S）、硅酸三钙（C_3S）、铝酸三钙（C_3A）和铁铝酸四钙（C_4AF）和粉煤灰等种类。C_3A 和 C_4AF 水化放热量是 C_2S 的 2 倍以上，而对混凝土贡献的抗压强度只有 C_2S 的 10%。单位质量 C_2S 放热量是 C_3S 的一半，但所产生的抗压强度和 C_3S 基本相同。不同的胶凝材料，单位放热所产生的抗压强度相差较大。C_2S 和粉煤灰单位放热产生的抗压强度最大，C_3S 次之，C_3A 和 C_4AF 最小。考虑到 C_3S、C_3A 和 C_4AF 的水化反应主要在龄期 28d 内完成而 C_2S 和粉煤灰的水化反应主要在龄期 28d 后完成，故 28d 内混凝土产生单位抗压强度所需的水化放热量要比 28d 后混凝土产生单位抗压强度所需的水化放热量大较多，需要进一步研究。

5.3.1　早龄期混凝土绝热温升试验的热损失

5.3.1.1　绝热温升仪的工作原理及误差成因

混凝土试块由钢套筒包装后放入仪器中。仪器内部主要测点有两个，1 号测点测量混凝土中心温度，2 号测点测量环境温度（2 号测点在钢套筒外部，如图 5.3－1 所示）。

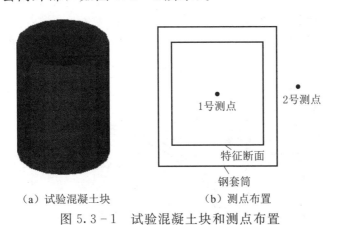

（a）试验混凝土块　　　　（b）测点布置

图 5.3－1　试验混凝土块和测点布置

如混凝土块边界绝热，则需要满足以下条件：

$$T_1 = T_2 \qquad\qquad (5.3-1)$$

式中：T_1 和 T_2 分别中心实际温度和测点温度。

如式（5.3－1）成立，中心温度发生变化后测点温度立刻和中心温度保持一致。但实际上由于存在分辨力问题，有

$$T_2 \in [T_1 \pm \Delta T_0, T_1] \qquad (5.3-2)$$

式中：ΔT_0 为中心温度和测点温度的最大温差，即分辨力。

理论上 2 号测点所测的温度和混凝土表面温度有一定差异，但钢套筒和混凝土表面的距离远小于空气黏滞层的厚度，且空气层厚度很小吸收的热量有限，故可以认为 2 号测点的温度等于混凝土的表面温度。

5.3.1.2 散热损失研究

图 5.3 - 2 所示混凝土试块内的温度损失途径为：热量通过圆柱面、试块的底面和试块的顶面散失。虽然混凝土试块不完全处于绝热状态，但研究试块 $z=0$ 截面混凝土由于圆柱面散热损失的温度

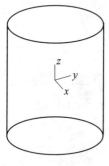

图 5.3 - 2 原点坐标位置

时，可认为混凝土试块底面和顶面绝热。同样，当研究试块中轴线（$x=0$ 且 $y=0$）混凝土由于顶面和底面散热损失的温度时，可假设混凝土块圆柱面绝热。

设 ΔT 为试块中心温度和边缘温度的差值。依据 ΔT 变化（图 5.3 - 3）将混凝土的温度历程划分为 3 个时段：$t \in [0, t_0]$ 时段，ΔT 逐渐增大；$t \in [t_0, t_1]$ 时段，ΔT 保持恒定；$t \in [t_1, \infty]$ 时段，ΔT 逐渐减小。

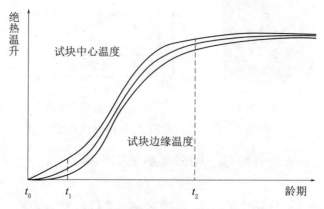

图 5.3 - 3 绝热试块中心温度和边缘温度历程

（1）通过圆柱面损失的温度。顶面和底面绝热且试块中心和试

块圆柱面的温差为 $\frac{1}{2}\Delta T_0$ 条件下，$t \in [t_2, t_3]$ 时，$z=0$ 截面损失的温度和时间的关系可以用式（5.3-3）表示（$t \in [t_0, t_1]$）：

$$\left.\begin{array}{l} \dfrac{\partial T}{\partial t}=\alpha\left(\dfrac{\partial^2 T}{\partial r^2}+\dfrac{1}{r}\dfrac{\partial T}{\partial r}\right) \\[3mm] T_{r=0}-T_{r=R}=\pm\dfrac{1}{2}\Delta T_0 \\[3mm] \dfrac{\partial T}{\partial t}\bigg|_{0\leqslant r\leqslant R}=c \end{array}\right\} \qquad (5.3-3)$$

式中：T 为试块损失的温度；$r=\sqrt{(x^2+y^2)}$；R 为试块圆柱面的半径；c 为常数（可求解）；t 为测试时间；α 为导温系数。

解方程（5.3-3）可得到

$$T(t,r)=\pm\left[\frac{2\alpha\Delta T_0}{R^2}t+\frac{\Delta T_0}{2R^2}r^2\right] \qquad (5.3-4)$$

（2）通过圆柱底面和顶面损失的温度。圆柱面绝热，试块中心和试块底面（顶面）的温差为 $\frac{1}{2}\Delta T_0$ 且 $t \in [t_2, t_3]$ 时，中轴线混凝土（$x=0$ 且 $y=0$）损失的温度可以用式（5.3-5）表示（$t \in [t_0, t_1]$）：

$$\left.\begin{array}{l} \dfrac{\partial T}{\partial t}=\alpha\left(\dfrac{\partial^2 T}{\partial z^2}\right) \\[3mm] T_{z=0}-T_{s=D}=\pm\dfrac{1}{2}\Delta T_0 \\[3mm] \dfrac{\partial T}{\partial t}\bigg|_{0\leqslant z\leqslant D}=c \end{array}\right\} \qquad (5.3-5)$$

式中：D 为圆柱高度的一半；c 为常数（可求解）；t 为测试时间；α 为导温系数。

解方程（5.3-5）可以得到

$$T(t,s)=\pm\left[\frac{\alpha\Delta T_0}{D^2}t+\frac{\Delta T_0}{2D^2}z^2\right] \qquad (5.3-6)$$

（3）试块损失的温度。结合式（5.3-4）和式（5.3-6）可以分别得到试块中心由圆柱面、底面和顶面散失的温度，进而得到由于分辨力引起的误差：

$$\theta_t(t) = k\left[\frac{2\Delta T_0}{R^2} + \frac{\Delta T_0}{D^2}\right]\alpha t \qquad t \in [t_0, t_1] \qquad (5.3-7)$$

式中：k 为修正系数，经过有限元分析计算，取值可为 1.39。

5.3.2　晚龄期混凝土的绝热温升

5.3.2.1　混凝土热力学特征和基本假定

　　假定在不改变材料性能和配合比的前提下，混凝土中胶凝材料含量对水化速度影响的最主要因素是自身温度。显然，浇筑早期，水泥的水化速率和浇筑温度密切相关。Powers 等的研究成果表明，浇筑后期，水泥水化速率与温度无关。根据绝热温升试验结果，浇筑初期，相同龄期但温度历程不同的混凝土，绝热温升差异很大；浇筑龄期为 28d 时，对于不同温度历程的混凝土，绝热温升差异很小。这说明 28d 龄期后，混凝土的水化程度以及水化速率与温度历程相关性很小。基于此，本书的理论推导基于以下 2 个假定：①混凝土的抗压强度主要由胶凝材料水化产物贡献（即未水化的胶凝材料不贡献抗压强度）；②对于同种材料龄期大于 28d 的混凝土，按照单位质量胶凝材料对混凝土抗压强度的贡献，将已水化的不同种类的胶凝材料全部折算为 C_2S 水化量。此时，混凝土的水化量和其抗压强度成正比。

　　基于以上假定，为研究混凝土热学性能和力学性能的关系，需要研究以下几个方面内容：①单位质量 C_2S、C_3S 和粉煤灰完全水化所贡献的混凝土抗压强度；②单位质量 C_2S、C_3S、粉煤灰等胶凝材料完全水化所产生的水化热；③胶凝材料含量和混凝抗压强度的关系。依据前人的研究结论，本书对以上几个内容进行研究。

5.3.2.2　胶凝材料水化放热量和贡献抗压强度的关系

　　根据 Bogue 和 J. C. Wang 的研究成果（硅酸盐水泥水化热的研究及其进展），单位质量的 C_3S 的放热量为 C_2S 的 1.93 倍，C_4AF 的水化放热量为 C_2S 的 1.61 倍，C_3A 水化放热速率是 C_2S 的 3.33 倍，单位质量粉煤灰放热量是 C_2S 的 0.75 倍。龄期 28d 时，C_3A 和 C_4AF 可以认为已经水化完毕。设水泥胶凝材料 C_3S、C_2S、

C_4AF、C_3A 和粉煤灰的含量分别为 A、B、C、D、E，则龄期 28d 后单位质量胶凝材料水化放热量和 28d 内单位质量胶凝材料水化放热量的比值为

$$Q = \frac{(1.93\beta_A A + \beta_B B + 0.75\beta_E E)(\lambda_A A + \lambda_B B + C + D + \lambda_E E)}{(1.93\lambda_A A + \lambda_B B + 1.61C + 3.33D + 0.75\lambda_E E)(\beta_A A + \beta_B B + \beta_E E)}$$

$$(5.3-8)$$

式中：λ 和 β 分别表示浇筑 28d 时和 28d 后各种胶凝材料水化比例（即该胶凝材料已水化的量和该胶凝材料总量的比值）。λ_A 为浇筑 28d 时 C_3S 水化比例，λ_B 为浇筑 28d 时 C_2S 水化比例，λ_E 为浇筑 28d 时 C_3A 水化比例。β_A 为浇筑 28d 后 C_3S 水化比例，β_B 为浇筑 28d 后 C_2S 水化比例，β_E 为浇筑 28d 后 C_3A 水化比例。

水泥中的 MgO 和 SO_3 等物质一样能影响混凝土的水化放热，且多作用于水化的早期，可以按式（5.3-8）的方法考虑其对 Q 的影响。

根据欧洲标准 EN 196-1：187 等，因为成型和测试比较困难，水泥的强度一般不用水泥浆来进行抗压强度试验。一般所指的水泥的抗压强度实际上就是水泥对混凝土或者水泥对水泥砂浆所贡献的抗压强度。单位质量胶凝材料贡献的抗压强度，目前研究成果也有统一的认识。对于 28d 后的混凝土，根据 Bogue 的研究成果，即单位质量 C_3S 和 C_2S 贡献的抗压强度相同，C_3A 和 C_4AF 贡献的抗压强度只有 C_2S 的 10%。单位质量粉煤灰贡献的抗压强度为 C_2S 的 75% 左右（粉煤灰的种类不同，对混凝土抗压强度的贡献也不同，但粉煤灰对混凝土抗压强度的贡献可通过混凝土配比试验得出，本书单位质量粉煤灰贡献的抗压强度为 C_2S 的 75% 左右）。在 Bogue 等的研究成果基础上可以推导出 28d 后单位质量胶凝材料水化贡献抗压强度和 28d 内单位质量胶凝材料贡献抗压强度比值为

$$R = k\frac{(\beta_A A + \beta_B B + 0.75\beta_E E)(\lambda_A A + \lambda_B B + C + D + \lambda_E E)}{(\lambda_A A + \lambda_B B + 0.1C + 0.1D + 0.75\lambda_E E)(\beta_A A + \beta_B B + \beta_E E)}$$

$$(5.3-9)$$

式中：$A \sim E$、λ 和 β 的意义同式（5.3-8）；考虑到浇筑初期的混凝土单位质量胶凝材料所贡献的抗压强度不等于 28d 后的混凝土，故

存在常数 k，其值有待进一步确认。

λ 系数是定值，最好通过试验的方法获得。无试验成果时可取 $\lambda_A = 0.7$、$\lambda_B = 0.2$、$\lambda_E = 0.4$。事实上，$\lambda_A \in [0.6，0.8]$，$\lambda_B \in [0.1，0.3]$ 和 $\lambda_E \in [0.3，0.5]$ 对计算结果影响不大，如没有添加缓凝剂或早强剂，$\lambda_A = 0.7$、$\lambda_B = 0.2$、$\lambda_E = 0.4$ 可满足工程要求。

28d 后混凝土产生单位抗压强度所需的水化放热量和 28d 前混凝土产生单位抗压强度所需的水化放热量的比值为

$$\xi = k \frac{Q}{R} \qquad (5.3-10)$$

5.3.2.3　晚龄期混凝土的绝热温升模型

根据式（5.3-9）、28d 混凝土抗压强度、龄期 t 混凝土的抗压强度，即可计算出龄期 t 混凝土的绝热温升：

$$\theta(t) = \theta_{28} \left[\left(\frac{f_t}{f_{28}} - 1 \right) \xi + 1 \right] \quad t \geqslant 28 \qquad (5.3-11)$$

式中：f_t 和 f_{28} 为龄期 t 和 28d 的混凝土抗压强度；θ_{28} 为龄期 28d 混凝土的绝热温升。

5.4　本章小结

（1）通过试验和理论分析进一步研究了混凝土水化放热的性质。所做试验的结果表明混凝土水化度和 E_a/R（混凝土活化能与气体常数比值）的关系不能被简单地认为是常数或是一个固定模式的函数。由不同初温的两个混凝土试块得到的水化度和 E_a/R 曲线的变化规律是一致的，但是数值上有所区别。据此提出了一种新的考虑温度历程影响的混凝土水化放热模型，利用这个模型可以应用绝热温升仪获得的混凝土绝热温升曲线计算任何初始温度和边界条件下混凝土温度场，无需将不同浇筑温度下的绝热温升曲线转化为标准状态下的绝热温升曲线。利用这个模型，本书证明：虽然由不同初温的两组混凝土块得到的水化度和 E_a/R 曲线在数值上有所区别，但在对混凝土温度场的计算中，该区别对温度场计算的精度影响很小。

（2）对于具有相同水化度的混凝土，当水化度 $\alpha \leqslant 0.7$ 时，温度高的混凝土的水化速率明显高于温度低的混凝土的水化速率；但当水化度 $\alpha > 0.7$ 时，温度高的混凝土的水化速率接近甚至低于温度低的混凝土的水化速率。以往的研究表明，早期混凝土的温度高，混凝土的强度增加速率快，但后期强度低于早期温度低的混凝土。混凝土材料水化时，水化生成物会阻碍水化的进行；早期温度高的混凝土水化生成物较为致密，比早期温度低的混凝土更容易阻碍材料后期水化。本书中，当水化度 $\alpha > 0.7$ 时，温度高的混凝土的水化速率接近甚至低于温度低的混凝土的水化速率，其原因可能是：在试验后期，早期温度高的试块的水泥胶凝材料的水化受到水化生成物的阻碍要大于早期温度低的混凝土。

（3）基于试验，提出一种考虑混凝土自身温度历程的水化放热模型，讨论了其收敛的充要条件，实现了该模型在计算含水管大体积混凝土温度场时的迅速收敛。在此基础上，建立混凝土自身温度历程对其力学性能的影响模型。工程实例表明，即使对于高热混凝土，该方法也具有很好的收敛性，且混凝土的自身温度历程对其热学性能和力学性能有较大的影响。

（4）绝热温升仪由于其分辨力引起的误差与仪器精度及混凝土导温系数有关。一般情况下，绝热温升仪能保障的测量精度很难超过 $0.06℃/d$，故绝热温升仪不能精确测量龄期超过 28d 的混凝土。本书分析了绝热温升仪的误差与试块尺寸及试验龄期的关系，并提出了一种预测长期水化放热的方法。

参 考 文 献

［1］ 吴红燕，李兴贵，曹学仁，等．大体积混凝土温度裂缝观测及分析
［J］．水利与建筑工程学报，2011，9（2）：40－43.

［2］ 王铁梦．工程裂缝控制"抗与放"的设计原则及其在"跳仓法"施工
中的运用［M］．北京：中国建筑工业出版社，2007.

［3］ 康军红，刘晓峰．碳纤维复合材料在闸墩混凝土裂缝处理中的应用
［J］．水科学与工程技术，2006（2）：28－30.

［4］ 沈兴华，林秋英，王新斌．观音寺闸裂缝处理及效果评价［J］．人民长
江，2002，33（5）：16－17.

［5］ 朱岳明，黎军，刘勇军．石梁河新建泄洪水闸闸墩裂缝成因分析［J］．
红水河，2002，21（2）：44－47.

［6］ 王成山，孙长江．观音阁水库碾压混凝土大坝施工期裂缝分析与处理
［C］//水利科技的世纪曙光——水利系统首届青年学术交流会优秀论
文集．北京：中国科学技术出版社，1997.

［7］ 王应军，李雷．玉石碾压混凝土大坝裂缝成因有限元分析［J］．中国农
村水利水电，2007（5）：79－81.

［8］ 解红．浅谈山口水电站碾压混凝土坝施工过程中裂缝成因及处理方法
［J］．水利建设与管理，2009（9）：28－29.

［9］ 靳向波．汾河二库碾压混凝土重力坝裂缝处理［J］．山西水利科技，
2007（2）：23－33.

［10］ 姜国辉，沈冰，李玉清，等．白石水库碾压混凝土重力坝基础垫层混凝
土裂缝的原因分析［J］．沈阳农业大学学报，2005，36（3）：336－339.

［11］ 高春波，王育琳，祁立友．桃林口水库碾压混凝土重力坝缺陷及其处
理［J］．河北水利，2010（9）：21.

［12］ 朱岳明，徐之青，贺金仁，等．混凝土水管冷却温度场的计算方法
［J］．长江科学院院报，2003，20（2）：19－22.

［13］ 朱伯芳．关于"混凝土水管冷却温度场的计算方法"的讨论［J］．长
江科学院院报，2003，20（4）：62－63.

［14］ Wilson E L. The determination of temperatures within mass concrete
structures ［R］. Department of Civil Engineering, University of Califor-

nia，Berkeley，1986.

[15] Tatro S B，Schrader E K. Thermal considerations for roller – compacted concrete [J]. ACI Journal，1985，82（2）：119 – 128.

[16] Hatte J H，Thorborg J. A numerical model for predicting the thermo-mechanical conditions during hydration of early – age concrete [J]. Applied Mathematical Modelling，2003，27（1）：1 – 26.

[17] Schutter G D. Finite element simulation of thermal cracking in massive hardening concrete elements using degree of hydration based material laws [J]. Computers and Structures，2002，80（27 – 30）：2035 – 2042.

[18] Ditchey E J，Schrader E K. Monksville dam temperature studies [C] // Trans. of the 16th International Congress on Large Dams. San Francisco，1988（3）：379 – 396.

[19] Yonezawa T. Measurement and analysis of cracks by thermal stress in mass concrete [A]. Trans. of the 16th International Congress on Large Dams [C]. San Francisco，1988：46 – 54.

[20] Barrett P K. Thermal structure analysis methods for RCC dams [C] // Proceeding of conference of roller compacted contrete Ⅲ. Sam Diedo，California，1992.

[21] Chikahisa H，Tsuzaki J，Nakahara H，et al. Adaptation of back a-nalysis methods for the estimation of thermal and boundary characteristics of mass concrete structures [J]. Dam Engineering，1992，3（2）：117 – 138.

[22] Tohru K，Sunao N. Investigations on determining thermal stress in massive concrete structures [J]. ACI Journal，1996，93（1）：96 – 101.

[23] 朱伯芳. 朱伯芳院士文选 [M]. 北京：中国电力出版社，1997.

[24] 朱伯芳. 大体积混凝土温度应力与温度控制 [M]. 北京：中国电力出版社，1999.

[25] 黄达海，宋玉普，赵国藩. 碾压混凝土坝温度徐变应力仿真分析的进展 [J]. 土木工程学报，2000，33（4）：97 – 100.

[26] 王润富，陈和群，李克敌. 求解徐变应力问题的初应力法 [J]. 水利学报，1980（1）：76 – 82.

[27] 王润富，陈和群，李克敌. 在有限单元法中根据有限子域热量平衡原理求解不稳定温度场 [J]. 水利学报，1981（6）：67 – 76.

[28] 陈里红，傅作新. 采用一期水管冷却的混凝土坝施工期数值模拟 [J]. 河海大学学报（自然科学版），1991，19（2）：22 – 28.

[29] 陈里红，傅作新．大体积混凝土结构施工期软化开裂分析 [J]．水利学报，1992（3）：70-74.

[30] Chen L H，Fu Z X. Simulation of thermal cracks of mass concrete in stage construction [A]. Z. P. Bazant. Fracture Mechanics of Concrete Structures [C]. London：Elsevier Applied Science，1992：977-980.

[31] 陈里红，傅作新．碾压混凝土坝温度控制设计方法 [J]．河海科技进展，1993，13（4）：1-12.

[32] 丁宝瑛，王国秉，黄淑萍，等．国内混凝土坝裂缝成因综述与防止措施 [J]．水利水电技术，1994（4）：12-18.

[33] 刘光廷，麦家煊，张国新．溪柄碾压混凝土薄拱坝的研究 [J]．水力发电学报，1997（2）：19-28.

[34] 麦家煊，李惠娟，裴文林．用断裂力学法研究混凝土表面温度裂缝问题 [J]．水力发电学报，2002（2）：31-36.

[35] 赵代深，薄钟禾，等．混凝土拱坝应力分析的动态模拟方法 [J]．水利学报，1994（8）：18-26.

[36] 侯朝胜，赵代深．混凝土拱坝横缝开度三维仿真计算研究 [J]．水利水电技术，2000，31（8）：41-43.

[37] 李广远，赵代深，柏承新．碾压混凝土坝温度场与应力场全过程的仿真计算和研究 [J]．水利学报，1991（10）：60-64.

[38] 曾兼权，李国润，陈希昌，等．用基岩各向异性热学参数分析混凝土基础块的温度徐变应力 [J]．四川大学学报（工程科学版），1994（5）：1-6.

[39] 张国新，金峰，王光纶．用基于流形元的子域奇异边界元法模拟重力坝的地震破坏 [J]．工程力学，2001，18（4）：18-27.

[40] 高虎，刘光廷．考虑温度对于弹模影响效应的大体积混凝土施工期应力计算 [J]．工程力学，2001，18（6）：61-67.

[41] 朱岳明，张建斌．碾压混凝土坝高温期连续施工采用冷却水管进行温控的研究 [J]．水利学报，2002（11）：55-59.

[42] 朱岳明，贺金仁，肖志乔，等．混凝土水管冷却试验与计算及应用研究 [J]．河海大学学报（自然科学版），2003，31（6）：626-630.

[43] 朱岳明，刘勇军，谢先坤．确定混凝土温度特性多参数的试验与反演分析 [J]．岩土工程学报，2002，24（2）：175-177.

[44] 朱岳明，林志祥．混凝土温度场热力学参数的并行反分析 [J]．水电能源科学，2005，23（2）：69-72.

[45] 吴中伟．补偿收缩混凝土 [M]．北京：中国建筑工业出版社，1979.

[46] 吴中伟. 膨胀混凝土 [M]. 北京：中国铁道出版社，1990.

[47] 朱伯芳. 微膨胀混凝土自生体积变形的计算模型和试验方法 [J]. 水利学报，2002 (12)：18-21.

[48] 李承木. 掺 MgO 混凝土自身变形的温度效应试验及其应用 [J]. 水利水电科技进展，1999，19 (5)：33-37.

[49] 丁宝瑛，岳耀真. 掺 MgO 混凝土的温度徐变应力分析 [J]. 水力发电学报，1991 (4)：45-55.

[50] 张国新，金峰，罗小青，等. 考虑温度历程效应的氧化镁微膨胀混凝土仿真分析模型 [J]. 水利学报，2002 (8)，29-34.

[51] 张国新. 考虑温度过程效应的 MgO 微膨胀热积模型 [J]. 水力发电，2002 (11)：28-32.

[52] 张国新，杨波，申献平，等. MgO 微膨胀混凝土拱坝裂缝的非线性模拟 [J]. 水力发电学报，2004，23 (3)：51-55.

[53] 朱育岷. 缓凝高效减水剂对碾压混凝土性能影响分析 [J]. 混凝土，2003 (4)：19-23.

[54] 雷爱中，陈改新，王秀军，等. 减缩剂的性能研究 [J]. 水力发电学报，2005，24 (4)：16-20.

[55] 钱晓倩，孟涛，詹树林，等. 减缩剂对混凝土早期自收缩的影响 [J]. 化学建材，2004，20 (4)：50-53.

[56] 张雄，韩继红，李悦. 掺复合矿物外加剂混凝土的收缩性能研究 [J]. 建筑材料学报，2003，6 (2)：204-207.

[57] 梅明荣. 掺 MgO 微膨胀混凝土结构的温度应力研究及其有效应力法 [D]. 南京：河海大学，2004.

[58] Zhu B F. Compound layer method for stress analysis simulating construction process of concrete dam [J]. Dam Engineering，1995，6 (2)：157-178.

[59] 朱伯芳. 多层混凝土结构仿真应力分析的并层算法 [J]. 水力发电学报，1994 (3)：21-30.

[60] 王建江，魏锦萍. RCCD 温度应力分析的非均匀单元方法 [J]. 力学与实践，1995，17 (3)：41-44.

[61] 朱岳明，马跃峰，王弘，等. 碾压混凝土坝温度和应力仿真计算的非均质层合单元法 [J]. 工程力学，2006，23 (4)：120-124.

[62] Chen Y L，Wang C G，et al. Simulation analysis of thermal stress of RCC dams using 3-D FEM relocating mesh method [J]. Advances in Engineering Software，2001，32 (9)：677-682.

［63］ 王宗敏，刘光廷. 碾压混凝土坝的等效连续本构模型 ［J］. 工程力学，1996，13 (2)：17 - 23.

［64］ 刘光廷，郝巨涛. 碾压混凝土拱坝坝体应力的简化计算 ［J］. 清华大学学报（自然科学版），1996，36 (1)：27 - 33.

［65］ 黄达海，殷福新，宋玉普. 碾压混凝土坝温度场仿真分析的波函数法 ［J］. 大连理工大学学报，2000，40 (2)：214 - 217.

［66］ 刘宁，刘光廷. 水管冷却效应的有限元子结构模拟技术 ［J］. 水利学报，1997 (12)：43 - 49.

［67］ Kjellsen K O，Lagerblad B，Jennings H M. Hollow - shell formation—an important mode in the hydration of Portland cement ［J］. Journal of Materials Science，1997，32：2921 - 2927.

［68］ Ye G，Lura P，van Breugel K，et al. Study on the development of the microstructure cement - based materials by means of numerical simulation and ultrasonic pulse velocity measurement ［J］. Cement & Concrete Composites，2004，26 (5)：491 - 497.

［69］ Ye G，van Breugel K，Fraaij A L A. Experimental study and numerical simulation on the formation of microstructure in cementitious materials at early age ［J］. Cement and Concrete Research，2003，33：233 - 239.

［70］ Morin V，Cohen - Tenoudji F，Feylessoufi A. Evolution of the capillary network in a reactive powder concreteduring hydration process ［J］. Cement and Concrete Research，2002，32：1907 - 1914.

［71］ John J，Eugene J. A new methodology for determining thermal properties and modelling temperature development in hydrating concrete ［J］. Construction and Building Materials，2003，17：189 - 202.

［72］ Bertil P. Hydration and Strength of High Performance Concrete ［J］. Advn Cem Bas Mat，1996 (3)：107 - 123.

［73］ McCarter W J，Chrisp T M，Starrs G，et al. Characterization and monitoring of cement - based systems using intrinsic electrical property measurements ［J］. Cement and Concrete Research，2003，33：197 - 206.

［74］ Douigill J W. Some effects of thermal volume changes on the properties and behavior of concrete ［J］. The Structure of Concrete. Cement and Concrete Associate London，1968：499 - 513.

［75］ Mindess S，Young J F. concrete ［M］. Prentice - Hall Inc. ，New Jersey，1981：671.

[76] Bentz D P, Garboczi, E. J. , Haecker, C. J. and Jensen, O. M. . Effects of cement particle size distribution on performance properties of portland cement – based materials [J]. Cement and Concrete Research, 1999.

[77] Mills R H. Factors influencing cessation of hydration in water – cured cement pastes [C]. Special Report No. 90, Proceedings of the Symposium on the Structure of Portland Cement Paste and Concrete. Highway Research Board, Washington, D. C. , 1966: 406 – 424.

[78] Hansen T C. Physical structure of hardened cement paste. A classical approach [J]. Materials and Structures, Vol. 19, No. 114, 1986: 423 – 436.

[79] Van Breugel K. Simulation of hydration and formation of structure in hardening cement based materials [D]. 2nd ed. : Delft University Press, Netherlands, 1997.

[80] Cengiz D A. Heat evolution of high – volume fly ash concrete [J]. Cement and Concrete Research 32 (2002): 751 – 756.

[81] Vagelis G P. Effect of fly ash on Portland cement systems. Part II . High – calcium fly ash [J]. Cement and Concrete Research 30 (2000): 1647 – 1654.

[82] Tsimas S M, Tsima A. High – calcium fly ash as the fourth constituent in concrete: problems, solutions and perspectives [J]. Cement & Concrete Composites 27 (2005): 231 – 237.

[83] Maria S, Gdoutos K S, Surendra P S. Hydration and properties of novel blended cements based on cement kiln dust and blast furnace slag [J]. Cement and Concrete Research 33 (2003): 1269 – 1276.

[84] Sioulas1B, Sanjayan J G. Hydration temperatures in large high – strength concrete columns incorporating slag [J]. Cement and Concrete Research 30 (2000): 1791 – 1799.

[85] Sanchez de Rojas M I and Frias M. The pozzolanic activity of different materials, its influence on the hydrationheat in mortars [J]. Cement and Concrete Research, Vol. 26, No. 2. 1996: 203 – 213.

[86] Helene Z, Marcel C, Maret V, et al. Investigation of hydration and pozzolanic reaction in reactie powder concrete using 29Si NMR [J]. Cement and Concrete Research, Vol. 26, No. 1. 1996: 93 – 100.

[87] Jamal S M, Asim Y L. Properties of pastes, motars and concretes containing natural pozxzolan [J]. Cement and Concrete Research, Vol. 25, No. 3. 1995: 647 – 657.

［88］ Schutter G D, Taerwe L. General hydration model for portland cement and blast furnace slag cement ［J］. Cement and Concrete Research, 1995, 25 (3): 593 - 604.

［89］ Copeland L E, Kantro D L, Verbeck G. Chemistry of hydration of Portland cement ［A］. Proceedings of the Fourth International Symposium on the Chemistry of Cement ［C］. Washington D C: National Bureau of Standards, 1960: 429 - 465.

［90］ Freiesleben H P, Pedersen E J. Maturity computer for controlling curing and hardening of concrete ［J］. Nordisk Betong, 1977, 1 (19): 21 - 25.

［91］ Knut O K, Rachel J D. Later - age strength prediction by a modified maturity model ［J］. ACI Material Journal, 1993, 90 (3): 220 - 227.

［92］ Frank M B, Robert O R. Fast track paving: concrete temperature control and traffic opening criteria for bonded concrete overlays ［R］. Task G, Final Report, FHWA, U. S. Department of Transportation, 1998.

［93］ Knudsen T. Modeling hydration of Portland cement - the effect of particle size distribution ［A］. Young J F. Characterization and Performance Prediction of Cement and Concrete ［C］. New Hampshire: United Engineering Trustees, Inc. , 1982: 125 - 150.

［94］ Hideaki N, Sumio H, Toshio T, Ayaho M. Estimation of thermal crack resistance for mass concrete structures with uncertain material properties ［J］. ACI Structural Journal, 1999, 96 (4): 509 - 518.

［95］ Kim J K, Han S H, Lee K M. Estimation of compressive strength by a new apparent activation energy function ［J］. Cement and Concrete Research, 2001, 31 (2): 217 - 225.

［96］ Miao B, Chaallal O, Perration D, Aitcin PC. On - site early - age monitoring of high - performance concrete columns ［J］. ACI Materials Journal, Vol. 90, No. 5, 1993: 415 - 420.

［97］ Schindler A K. Concrete hydration, temperature development, and setting at early - ages ［D］. The university of Texas at Austin, 2002.

［98］ Reinhardt H W, Blaauwendraad J, Jongendijk J. Temperature development in concrete structures taking account of state dependent properties ［C］ //Proceeding of International Conference on Concrete at Early Ages. Paris, 1982: 211 - 218.

[99] Gilliland J A. Thermal and shrinkage effects in high performance concrete structures during construction [D]. Calgary, Albert: The University of Calgary, 2002.

[100] Nicholas J C, Rajesh C. Tank. Maturity function for concretes made with various cements and admixtures [J]. ACI Materials Journal, 1992, 89 (2): 188-196.

[101] CEB-FIP. Models code for concrete structures [S]. London: Thomas Telford Ltd., 1990.

[102] Erika E H. Early age autogenous shrinkage of concrete [D]. Seattle, Washington: University of Washington, 2001.

[103] England G L, Ross A D. Reinforced concrete under thermal gradients [J]. Magazine of Concrete Research, 1962, 14 (40): 5-12.

[104] 美国内务部垦务局. 混凝土坝的冷却 [M]. 侯建功, 译. 北京: 水利电力出版社, 1958.

[105] 朱伯芳. 混凝土坝的温度计算 [J]. 中国水利, 1956 (11): 10-22.

[106] 朱伯芳. 有内部热源的大块混凝土用埋设水管冷却的降温计算 [J]. 水利学报, 1957 (4): 87-106.

[107] 朱伯芳. 考虑水管冷却效果的混凝土等效热传导方程 [J]. 水利学报, 1991 (3): 28-34.

[108] 朱伯芳. 考虑外界温度影响的水管冷却等效热传导方程 [J]. 水利学报, 2003 (3): 49-54.

[109] 朱伯芳. 大体积混凝土非金属水管冷却的降温计算 [J]. 水力发电, 1996, (12): 26-29.

[110] Zhu B. F.. Effect of cooling by water flowing in nonmetal pipes embedded in mass concrete [J]. Journal of Construction Engineering and Management, 1999, 125 (1): 61-68.

[111] 朱伯芳, 王同生, 丁宝瑛, 等. 水工混凝土结构的温度应力与温度控制 [M]. 北京: 水利电力出版社, 1976.

[112] 朱伯芳, 蔡建波. 混凝土坝水管冷却效果的有限元分析 [J]. 水利学报, 1985, (4): 27-36.

[113] Zhu B F, Cai J B. Finite element analysis of effect of pipe cooling in concrete dams [J]. Journal of Construction Engineering and Management, 1989, 115 (4): 487-498.

[114] 刘勇军. 水管冷却计算的部分自适应精度法 [J]. 水利水电技术, 2003, 34 (7): 33-35.

[115] 麦家煊. 水管冷却理论解与有限元结合的计算方法 [J]. 水力发电学报, 1998 (4)：31 - 41.

[116] Roy R C. Mass concrete control in Detroit dam [J]. ACI Journal. 1957, 53 (6)：1145 - 1168.

[117] 朱伯芳. 聚乙烯冷却水管的等效间距 [J]. 水力发电, 2002 (1)：20 - 22.

[118] 朱伯芳. 高温季节进行坝体二期水管冷却时的表面保温 [J]. 水利水电技术, 1997, 28 (4)：10 - 13.

[119] 陆阳, 陆力. 大体积混凝土后期冷却优化控制 [J]. 水力发电, 1995 (6)：42 - 46.

[120] 黎汝潮. 三峡工程塑料冷却水管现场试验与研究 [J]. 中国三峡建设, 2000 (5)：20 - 23.

[121] 吕爱钟, 蒋斌松. 岩石力学反问题 [M]. 北京：煤炭工业出版社, 1998.

[122] 范鸣玉, 张莹. 最优化技术基础 [M]. 北京：清华大学出版社, 1982.

[123] 沈振中. 三维粘弹塑性位移反分析的可变容差法 [J]. 水利学报, 1997, (9)：66 - 70.

[124] 孙道恒. 力学反问题的神经网络分析法 [J]. 计算结构力学及其应用, 1996, 13 (2)：115 - 118.

[125] 朱合华. 摄动粘弹性模型的反演分析 [C] //首届全国青年岩石力学学术研讨会论文集. 上海, 1991：313 - 316.

[126] 段玉倩. 遗传算法及其改进 [J]. 电力系统及其自动化学报, 1998, 10 (1)：39 - 52.

[127] 张宇鑫, 宋玉普, 王登刚, 等. 基于遗传算法的混凝土一维瞬态导热反问题 [J]. 工程力学, 2003, 20 (5)：87 - 105.

[128] 张宇鑫, 宋玉普, 王登刚. 基于遗传算法的混凝土三维非稳态温度场反分析 [J]. 计算力学学报, 2004, 21 (3)：338 - 342.

[129] 李守巨, 刘迎曦. 基于模糊理论的混凝土热力学参数识别方法 [J]. 岩土力学, 2004, 25 (4)：570 - 573.

[130] 黎军, 朱岳明, 何光宇. 混凝土温度特性参数反分析及其应用 [J]. 红水河, 2003, 22 (2)：33 - 36.

[131] 张子明, 王嘉航, 周红军, 等. 混凝土温度特性参数的反演分析 [J]. 红水河, 2003, 22 (1)：24 - 27.

[132] 刘宁, 张剑, 赵新铭. 大体积混凝土结构热学参数随机反演方法初探 [J]. 工程力学, 2003, 20 (5)：115 - 120.

[133] 赵新铭, 张剑, 刘宁. 混凝土温度场热学参数反演方法的研究 [J].

华北水利水电学院学报，2002，23（4）：6-9.

[134] 张剑，刘宁．大体积混凝土结构热学参数的随机反演方法［J］．安徽建筑工业学院学报，2002，10（2）：6-10.

[135] 吴官胜，张剑，赵新铭．大体积混凝土力学参数的 Bayes 随机优化反演［J］．华北水利水电学院学报，2005，26（1）：27-30.

[136] 王成山，韩敏，史志伟．RCC 坝热学参数人工神经网络反馈分析［J］．大连理工大学学报，2004，44（3）：437-441.

[137] 黄达海，刘广义，刘光廷．大体积混凝土热学参数反分析新方法［J］．计算力学学报，2003，20（5）：574-578.

[138] 苏怀智，张志诚，夏世法．带有冷却水管的混凝土温度场热学参数反演［J］．水力发电，2003，（12）：44-46.

[139] 邢长清，张锦光．大体积混凝土施工温度控制综述［J］．长春工程学院学报，2008，9（1）：32-34.

[140] 彭立海，阎士勤，等．大体积混凝土温控与防裂［M］．郑州：黄河水利出版社，2005.

[141] 王艳娜．基于无线通信的大体积混凝土温度监测系统［D］．青岛：中国海洋大学，2007.

[142] 梁志林，简宜端．三峡三期工程大坝混凝土内部温度监测浅析［J］．葛洲坝集团科技，2005（4）：38-40.

[143] Yan P，Zheng F，et al. Relationship between delayed ettringite formation and delayed expansion in massive shrinkage compensating concrete［J］. Cement & Concrete Composites，2004，26：687-693.

[144] Yan P，Qin X，et al. The semi quantitative determination and morphology of ettringite in pastes containing expansion agent cured in elevated temperature［J］. Cement and Concrete Research，2001，31（9）：1285-1290.

[145] Yan P，Qin X. The effect of expansive agent and possibility of delayed ettringite formation in shrinkage-compensating massive concrete［J］. Cement and Concrete Research，2001，31：335-337.

[146] 高培伟，卢小琳，唐明述，等．膨胀剂对混凝土变形性能的影响［J］．南京航空航天大学学报，2006，38（2）：251-255.

[147] 莫立武，邓敏．氧化镁膨胀剂的研究现状［J］．膨胀剂与膨胀混凝土，2010（1）：2-9.

[148] 朱伯芳．论微膨胀混凝土筑坝技术［J］．水力发电学报，2000（3）：1-12.

[149] 尚建丽，邢琳琳，梁航，等. 钢纤维混凝土抗裂性能的试验研究 [J]. 混凝土，2011 (7)：59-61.

[150] 李光伟，杨元慧. 聚丙烯纤维混凝土性能的试验研究 [J]. 水利水电科技进展，2001，21 (5)：14-16.

[151] 张登祥，杨伟军. 外加剂及聚丙烯纤维对混凝土早期裂缝影响的实验研究 [J]. 长沙交通学院学报，2008，24 (4)：42-45.

[152] 丁一宁，杨楠. 玻璃纤维与聚丙烯纤维混凝土性能的对比试验 [J]. 水利水电科技进展，2007，27 (1)：24-26.

[153] Chen P., Chung D L. Carbon fiber reinforced concrete as an intrinsically smart concrete for damage assessment during loading [J]. Journal of Ceramics Society，1995，78 (3)：816-818.

[154] 丁春林，张国防，张骅. 新型棒状聚丙烯纤维混凝土抗剪性能试验与比较 [J]. 同济大学学报，2011，39 (6)：802-806.

[155] 王铁梦. 建筑物裂缝控制 [M]. 上海：上海科学技术出版社，1981.

[156] 赵国藩，等. 钢筋混凝土结构的裂缝控制 [M]. 北京：海洋出版社，1991.

[157] 吴胜兴，任旭华. 混凝土结构温度裂缝的特点及其配筋控制 [J]. 水利水电科技进展，1996，16 (5)：10-13.

[158] 路璐，李兴贵. 大体积混凝土裂缝控制的研究与进展 [J]. 水利与建筑工程学报，2012，10 (1)：146-149.

[159] A.B. 别洛夫，张贵荣，潘庭仁. 用临时温度缝和永久温度缝进行大体积混凝土坝的分块 [J]. 水利学报，1959 (2)：1-11.

[160] 任强，黄顺强. 铜街子水电站厂房混凝土温度控制及浇筑分层分块设计 [J]. 水电站设计，1991，7 (1)：41-44.

[161] 田宇，黄淑萍. 改善高拱坝陡坡坝段应力集中的结构分缝形式研究 [J]. 水利水电技术，2007，38 (6)：53-55.

[162] 王浩，朱凤梅，鲁永华，等. 玄庙观水库碾压混凝土拱坝分缝及接缝灌浆设计 [J]. 水利水电工程设计，2008，27 (1)：14-16.

[163] 肖文，吴庆鸣，巫世晶. 碾压混凝土坝施工分仓跳仓方法研究 [J]. 红水河，2000，19 (1)：31-34.

[164] 钟登华，吴康新，练继亮，等. 基于模糊规则的大坝混凝土施工跳仓排序研究 [J]. 系统仿真学报，2008，20 (5)：1099-1102.

[165] 张宇鑫，黄达海，宋玉普. 模拟混凝土跳仓浇筑的高拱坝温度应力仿真分析 [J]. 中国港湾建设，2002，(4)：34-39.

[166] 胡勇，朱岳明，朱明笛，等. 吊空模板技术在施工期闸墩混凝土温控

防裂中的应用 [J]. 三峡大学学报 (自然科学版), 2008, 30 (6): 38 - 40.

[167] 曹先升. 补偿收缩混凝土后浇带在白沙水库泄洪间闸墩混凝土裂缝控制中的应用 [J]. 河南水利与南水北调, 2007 (2): 35 - 36.

[168] 朱明笛, 朱岳明. 后浇带对施工期闸墩混凝土温度和应力的影响 [J]. 三峡大学学报 (自然科学版), 2008, 30 (4): 8 - 10.

[169] 鞠丽艳. 混凝土裂缝抑制措施的研究进展 [J]. 混凝土, 2002 (5): 11 - 14.

[170] 匡亚川, 欧进萍. 混凝土裂缝的仿生自修复研究与进展 [J]. 力学进展, 2006, 36 (3): 406 - 414.

[171] 袁雄洲, 孙伟, 陈惠苏, 等. 水泥基材料裂缝生物修复技术的研究与进展 [J]. 硅酸盐学报, 2009, 37 (1): 160 - 170.

[172] Virginie W, Henk M J. Quantification of crack - healing in novel bacteria - based self - healing concrete [J]. Cement & Concrete Composites, 2011, 33: 763 - 770.

[173] 何光同, 曾宪康. 水东碾压混凝土坝温控及整体坝的优越性 [J]. 农田水利与小水电, 1995, 2: 14 - 16.

[174] 毛影秋. 棉花滩碾压混凝土重力坝温控设计 [J]. 水利水电技术, 2000 (11): 46 - 49.

[175] 李启雄, 董勤俭, 毛影秋. 棉花滩碾压混凝土重力坝设计 [J]. 水力发电, 2001 (7): 24 - 27.

[176] 武永新, 高晓梅. 石漫滩水库重力坝碾压混凝土的设计及施工工艺 [J]. 水力发电学报, 1998 (4): 11 - 20.

[177] 王永存, 阎俊如, 薛永生. 观音阁水库碾压混凝土坝的设计 [J]. 水利水电技术, 1995 (8): 13 - 16.

[178] 顾辉. 桃林口水库碾压混凝土坝设计与施工 [J]. 河北水利水电技术, 1999 (1): 11 - 13.

[179] 耿荣民, 朱新刚. 防止寒冷地区碾压混凝土坝迎水面产生裂缝的探讨 [J]. 河北水利水电技术, 1999 (1): 57 - 59.

[180] 郭强. 汾河二库碾压混凝土重力坝设计与施工 [J]. 水利水电技术, 1999 (6): 4 - 6.

[181] 曹刚, 张桂珍, 李力. 汾河二库坝体碾压混凝土配合比设计及其应用 [J]. 水利水电技术, 1999 (6): 13 - 16.

[182] 孙启森. 龙滩碾压混凝土重力坝结构设计与施工方法研究 [J]. 水力发电, 1998 (3): 65 - 70

［183］ 朱伯芳．考虑温度影响的混凝土绝热温升表达式［J］．水力发电学报，2003（2）：69-73．

［184］ 朱伯芳．混凝土绝热温升的新计算模型与反分析［J］．水力发电，2003（4）：29-32．

［185］ 张子明，冯树荣，石青春，等．基于等效时间的混凝土绝热温升［J］．河海大学学报，2004，32（5）：573-577．

［186］ 王振红，朱岳明，武圈怀，等．混凝土热学参数试验与反分析研究［J］．岩土力学，2009，30（6）：1821-1825，1830．

［187］ 王振红，朱岳明，李飞．基于遗传算法的混凝土热学参数反分析与反馈研究［J］．武汉理工大学学报，2009，32（4）：599-602．

［188］ 马跃峰，朱岳明，刘有志，等．姜唐湖退水闸泵送混凝土温控防裂反馈研究［J］．水力发电，2006，32（1）：33-35．

［189］ Emborg M. Thermal stresses in concrete structures at early ages［D］. Lule Univ. of Technology, Sweden, 1989.

［190］ Rasmussen R O, Mcculough B F, Zolinger D G. A foundation for high performance bounded concrete overlay design and construction guidelines［C］. Proceedings of 6th international conference on concrete pavements, 1997, 209-230.

［191］ Cervera M, Faria J, Oliver J. Numerical modeling of concrete curing regarding hydration and temperature phenomena［J］. Computers and structures, 2002, 80（18）: 1511-1521.

［192］ Suzuki H Y, Maekawa K. Evaluation of adiabatic temperature rise of concrete measured with the new testing apparatus［J］. Concrete library of JJCE, 1988, 9: 109-117.

［193］ Hatte J H, Thorborg J. A Numerical Model for Predicting the Thermo mechanical Conditions during Hydration of Early-age Concrete［J］. Applied Mathematical Modeling, 2003, 27: 1-26.

［194］ Zhu Z Y, Qiang S, Liu M Z. Cracking mechanism of long concrete bedding cushion and prevention method［J］. Advanced Materials Research, 2011, 163-167: 880-887.

［195］ Liu M Z, Qiang S, Zhu Z Y. Study on crack mechanism for concrete bedding cushion on rock［J］. Advanced Materials Research, 2011, 163-167: 1291-1295.

［196］ Zhu Z Y, Qiang S, Liu M Z. Cracking mechanism of RCC dam surface and prevention method［J］. Advanced Materials Research, 2011,

295 – 297：2092 – 2096.

[197] Zhu Z Y，Qiang S，Chen W M. A Model for Temperature Influence on Concrete Hydration Exothermic Rate (Part one：Theory and Experiment) [J]. Journal of Wuhan University of Technology (Materials Science Edition)，2014，29 (3)：540 – 545.

[198] Zhu Z Y，Qiang S，Chen W M. A New Method Solving the Temperature Field of Concrete around Cooling Pipes [J]. Comput. Concrete，2013，11 (5)，441 – 462.

[199] Zhu Z Y，Liu M Z，Qiang S，et al. Algorithm to simulate concrete temperature control cooling pipe boundary based on heat flux integration [J]. Transactions of the Chinese Society of Agricultural Engineering，2016，32 (9)：83 – 89.

[200] Angstrom A. Solar and terrestrial radiation [J]. Q J Roy Meteor Soc，1924，50：121 – 125.

[201] Bennett I. A method of preparing maps of mean daily global radiation [J]. Arch Meteorol Geophys Bioklimatol Ser B，1962，13：216 – 248.

[202] Davies J A. Estimation of insolation for west African [J]. Q J Roy Meteor Soc，1965，91：359 – 363.

[203] Penman H L. Natural evaporation from open water，bare soil and grass [J]. Proc R Soc London Ser A，1984，193：120 – 145.

[204] Srivastava S K，Singh O P，Pandey G N. Correlations for the estimation of hourly global solar radiation [J]. Appl Energ，1995，52：55 – 64.

[205] Tiris M，Tiris C，TURE I E. Diffuse solar radiation correlations：applications to Turkey and Australia [J]. Energy，1995，20 (8)：745 – 749.

[206] ASHRAE. ASHRAE Handbook. Fundamental：American society of heating，refrigerating and air – Conditioning engineers [M]. USA：Inc Altanta GA.

[207] Collares – Pereira M. The Average Distribution of solar radiation correlations between diffuse and hemispherical and between daily and hourly insolation values [J]. Sol Energy，1979，22 (2)：154 – 164.

[208] Iqbal M. An introduction to solar radiation [M]. Toronto：Academic Press，1983.

[209] Bird R E，Hulstrom Roland L. A simplified clear Sky model for direct and diffuse insolation on horizontal surface [M]. Golden，CO

(USA): Solar Energy Research Institute, 1981.

[210] Yang K, Huang G W, Tamai N. A hybrid model for estimating global solar radiation [J]. Sol Energy, 2001, 70 (1): 13 – 22.

[211] Atwater M A, Ball J T. A numerical solar radiation model based on standard meteorological observations [J]. Sol energy, 1978, 21: 163 – 170.

[212] Garnier B J and Ohmura A. A method of calculating the direct short-wave radiation income of slope [J]. Appl Met, 1968, 7: 793 – 800.

[213] Garnier B J and Ohmura A. The evaluation of surface variations in solar radiation income [J]. Sol energy, 1970, 13 (1): 21 – 34.

[214] Williams L D, Barry R G and Andrews J T. Application of computed global radiation for areas of high relief [J]. Appl. Met. , 1972, 11: 526 – 533.

[215] Pu F B. Mountain weather [M]. Beijing: Science Publishing Company, 1983.

[216] Song D K, Chen D X. Further discussion on the calculating methods for slops sunshine and direct solar radiation [J]. Journal of Guangxi Agricultural University, 1993, 12 (2): 20 – 26.

[217] Li Z Q, Weng D M. A computer model to determine topo [J]. ACTA geographical sinca, 1987, 42 (3): 269 – 278.

[218] Li Z Q, Weng D M. A numerical approach toward global radiation over rugged areas [J]. ACTA geographical sinca, 1988, 46 (4): 184 – 193.

[219] Dozier J, Outcalt S I. An approach to energy balance simulation over rugged terrain [J]. Geographic Anal, 1979, 11: 65 – 85.

[220] Elbadry M M, Ghali A. Temperature variations in concrete bridges [J]. J Struct Eng – Asce, 1983, 110 (12): 2355 – 2374.

[221] Elbadry M M, Ghali A . Temperature variations in concrete bridges – closure [J]. J Struct Eng – Asce, 1984, 110 (12): 3063 – 3065.

[222] Hou D W, Zhang J, Gao Y. Simulation of temperature field of concrete pavement at early – age [J]. Engineering mechanics, 2012, 29 (6): 151 – 159.

[223] An Y, Wang Z Z, Yang X S, et al. Temperature field of lining canal in freezing period under solar radiation [J]. Journal of Northwest A & F University. Natural Science Edition, 2013, 41 (3): 228 – 234.

[224] Chen Z, Jin F, Wang J T. Ray – tracing algorithm for solar radiation intensity computation of arch dam surface [J]. Journal of Hydraulic Engineering, 2007, 38 (12): 1460 – 1465, 1474.

[225] Mirzabozorg H, Hariri – Ardebili M A, Shirkhan M. Impact of solar radiation on the uncoupled transient thermo – structural response of an arch dam [J]. Scientia Iranica, 2015, 22 (4): 1435 – 1448.

[226] Spencer J W. Fourier Series Representation of the Position of the Sun [J]. Search, 1971, 2 (5): 172.

[227] Li J P and Song A. Compare of clear – day solar radiation model of Beijing and Ashrae [J]. Journal of capital normal university (natural science edition), 1998, 19 (1): 35 – 38.

[228] Machler M A and Iqbal M. A modification of the ASHRAE clear sky model [J]. ASHRAE Transactions, 1985, 91: 1.

[229] Xie H W. and Chen Y L, Influence of the different pipe cooling scheme on temperature distribution in RCC arch dams [J]. Commun. Numer. methods Eng. , 2005, 21 (12): 769 – 778.

[230] Zhu Z Y, Zhang G X, Yi L, et al. Incremental extended finite element method for thermal cracking of mass concrete at early ages [J]. Struct. Eng. Mech. , 2019, 69 (1): 33 – 42.

[231] Ni Y Q, Zhang P. Modeling of temperature distribution in a reinforced concrete supertall structure based on structural health monitoring data [J]. Comput. Concr. , 2019, 8 (3): 293 – 309.

[232] Zhu Z Y, Qiang S, Chen W M. A model for temperature influence on concrete hydration exothermic rate (part one: Theory and experiment) [J] . Journal of Wuhan University of Technology – Mater. Sci. Ed. , 2014, 29 (3): 540 – 545.

[233] Zhu Z Y, Chen W M, Qiang S, et al. An improvement on the concrete exothermic models considering self – temperature duration [J]. Comput. Concrete, 2017, 19 (6): 665 – 672.

[234] Zhu Z Y, Qiang S, Chen W M. A New Method Solving the Temperature Field of Concrete around Cooling Pipes [J]. Comput. Concrete, 2013, 11 (3): 441 – 462.

[235] Zhu B F. On pipe cooling of concrete dams [J]. Hydraulic Eng, 2010, 5: 505 – 513.

[236] Kim J K, Kim K H, Yang J H. Thermal analysis of hydration heat in

concrete structures with pipe – cooling system Comput. Struct [J]. , 2001, 79 (2): 163 – 171.

[237] Zhong R, Hou G P, Qiang S. An improved composite element method for the simulation of temperature field in massive concrete with embedded cooling pipe [J]. Applied Thermal Engineering, 2017, 124: 1409 – 1417.

[238] Yang J, Hu Y, Zuo Z, et al. Thermal analysis of mass concrete embedded with double – layer staggered heterogeneous cooling water pipes [J]. Applied Thermal Engineering, 2012, 35: 145 – 156.

[239] Zuo Z, Hu Y, Li Q, et al. An extended finite element method for pipe – embedded plane thermal analysis [J]. Finite Elements in Analysis & Design, 2015, 102 – 103: 52 – 64.

[240] Myers T, Fowkes N, Ballim Y. Modeling the cooling of concrete by piped water [J]. Journal of Engineering Mechanics, 2009, 135 (12): 1375 – 1383.

[241] Liu X, Zhang C, Chang X, et al. Precise simulation analysis of the thermal field in mass concrete with a pipe water cooling system [J]. Applied Thermal Engineering, 2015, 78: 449 – 459.

[242] Hong Y X, Lin J, Chen W. Simulation of thermal field in mass concrete structures with cooling pipes by the localized radial basis function collocation method [J]. International Journal of Heat and Mass Transfer, 2019, 129: 449 – 459.

[243] Lin J, Xu Y, Zhang Y H. Simulation of linear and nonlinear advection – diffusion – reaction problems by a novel localized scheme, Applied Mathematics Letter [J]. 2020, 99: Article ID 106005.

[244] Chen G R, Xu W T, Yang Y, et al. Computation Method for Temperature Field of Mass Concrete Containing Cooling Water Pipes [J]. Chinese Journal of Computational Physics, 2012, 29: 411 – 416.

[245] Qing S, Xie Z Q, Zhong R. A p – version embedded model for simulation of concrete temperature fields with cooling pipes [J]. Water Science and Engineering, 2015, 8 (3): 248 – 256.

[246] Singiresu S. Rao. The Finite Element Method in Engineering [M]. Butterworth – Heinemann, 2018.

[247] Langan B W, Weng K, et al. Effect of silica fume and fly ash on heat of hydration of portland cement [J]. Cement and Concrete Research,

2002, 32 (7): 1045 - 1051.

[248] Zhu Z Y, Qiang S, Chen W M, et al., Determination of parameters for hydration exothermic model considering concrete temperature duration by genetic algorithm [J]. Transactions of the Chinese Society of Agricultural Engineering (Transactions of the CSAE), 2013, 29 (1): 86 - 92.

[249] Zhang G X, Liu Y, et al., Hydration heat combined function model of high fly - ash concrete and its application in engineering [J]. Journal of Hydroelectric Engineering, 2012, 31 (4): 201 - 206.

[250] Zhang G X, Zhao W. Research on thermal stress simulation and temperature controlling of super high concrete arch dams [J]. Water Resources and Hydropower Engineering, 2008, 39 (10): 36 - 40.

[251] Bentz D P, et al. Prediction of adiabatic temperature rise in conventional and high - Performance concretes using a 3 - D microstructural model [J]. Cement and Concrete Research, 1998, 28 (2): 285 - 297.

[252] Sivasundaram V, Malhotra V M. Properties of concrete incorporating low quantity of cement and high volumes of ground granulated slag [J]. ACI Materials Journal, 1992, 89 (6): 554 - 563.

[253] Pinto R, Hover K. Superplasticizer and silica fume addition effects on heat of hydration of mortar mixtures with low water - cementitious materials ratio [J]. ACI Materials Journal, 1999, 96 (5): 600 - 604.

[254] Suzuki Y. Applicability of adiabatic temperature rise for estimating temperature rise in concrete structures [J]. Transactions of the Japan Concrete Institute, 1985, 7: 49 - 56.

[255] Mani A C, Tam C T, Lee S L. Influence of high early temperatures on properties of PFA concrete [J]. Cement and Concrete Composites, 1990, 12 (2): 109 - 115.

[256] Anton K S, Kevin J F. Heat of hydration models for cementitious materials [J]. ACI Materials Journal, 2005, 102 (1): 24 - 33.

[257] Wang, J C, Yan P Y. Influence of initial casting temperature and dosage of fly ash on hydration heat evolution of concrete under adiabatic condition [J]. Journal of Thermal Analysis and Calorimetry, 2006, 85 (3): 755 - 760.

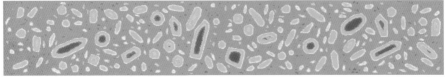

图 3.2-5 混凝土拌和过程中 0.02h（1.2min）温度场分布

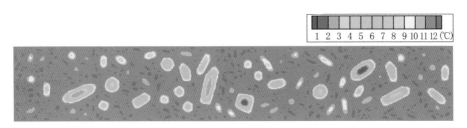

图 3.2-6 混凝土拌和过程中 0.05h（3.0min）温度场分布

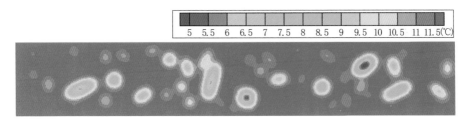

图 3.2-7 骨料温度不均对混凝土温度场影响（拌和后 0.10h）

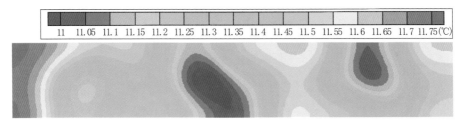

图 3.2-8 骨料温度不均对混凝土温度场影响（拌和后 1.50h）

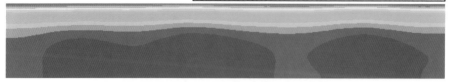

图 3.2-9　混凝土振捣前铺筑层温度分布

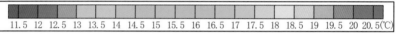

图 3.2-10　混凝土振捣后铺筑层温度分布

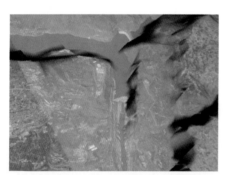

（a）上午10：00

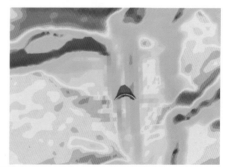

（b）中午12：00

图 3.3-4（一）　秋季（10 月 3 日）不同时刻太阳遮蔽计算效果与

谷歌地图效果对比

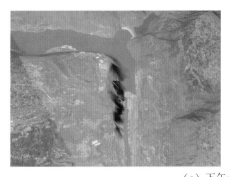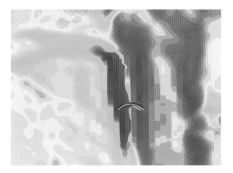

（c）下午4：00

图 3.3-4（二） 秋季（10 月 3 日）不同时刻太阳遮蔽计算效果与
谷歌地图效果对比

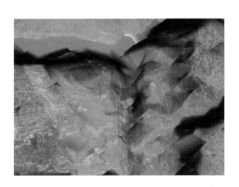

（a）上午10：00

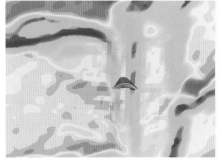

（b）中午12：00

图 3.3-5（一） 冬季（1 月 1 日）不同时刻太阳遮蔽计算效果与
谷歌地图效果对比

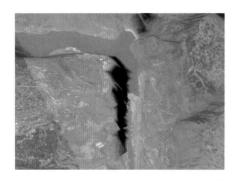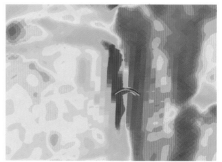

（c）下午4：00

图 3.3-5（二）　冬季（1 月 1 日）不同时刻太阳遮蔽计算效果与

谷歌地图效果对比

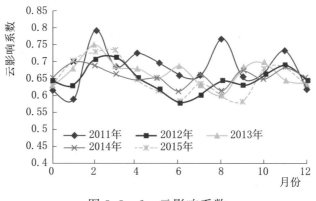

图 3.3-6　云影响系数

图 3.3-7　温控计算模型

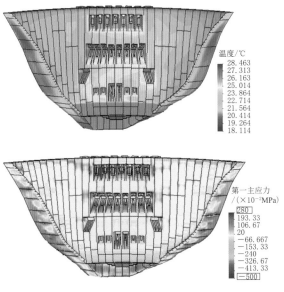

（a）考虑太阳辐射

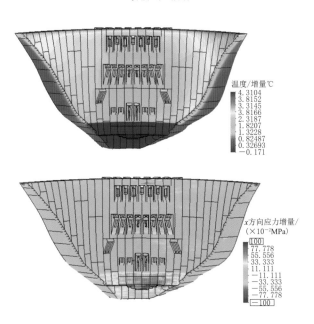

（b）不考虑太阳辐射

图 3.3-9　2015 年 10 月 3 日坝体下游表面温度和应力分布

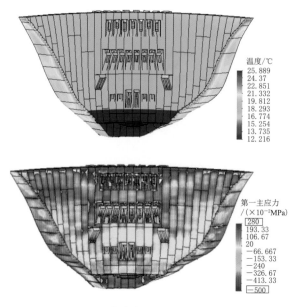

（a）考虑太阳辐射

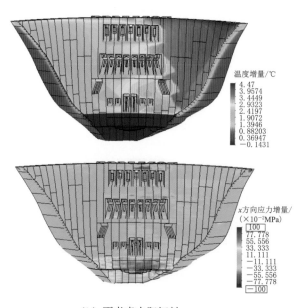

（b）不考虑太阳辐射

图 3.3-10 2016 年 1 月 7 日坝体下游表面温度和应力分布

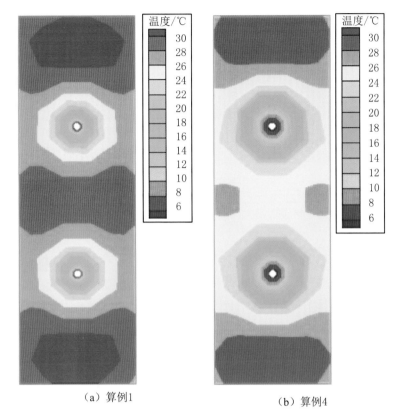

（a）算例1   （b）算例4

图 4.1-15　浇筑第 2 天特征断面温度分布

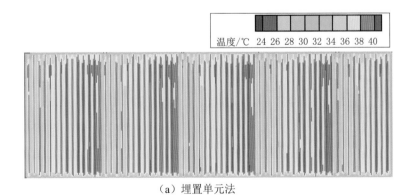

（a）埋置单元法

图 4.2-21（一）　浇筑第 3 天特征断面温度分布

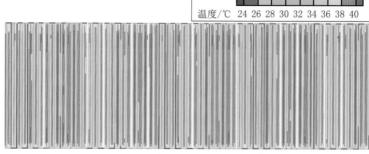

（b）半解析有限元法

图 4.2 - 21（二） 浇筑第 3 天特征断面温度分布

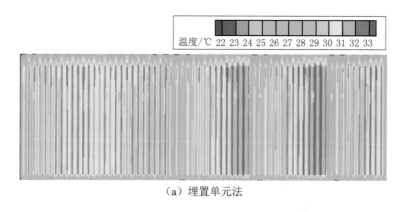

（a）埋置单元法

（b）半解析有限元法

图 4.2 - 22 浇筑第 3 天特征断面温度分布

（a）埋置单元法

（b）半解析有限元法

图 4.2-23　浇筑第 5 天特征断面温度分布

图 4.3-27　裂缝出现的区域

（a）试验设备

（b）第一个试块的初始温度

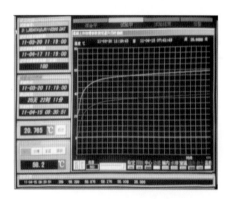

（c）第二个试块的初始温度和
绝热温升曲线

（d）第三个试块的初始温度

图 5.1-2　混凝土绝热温升试验

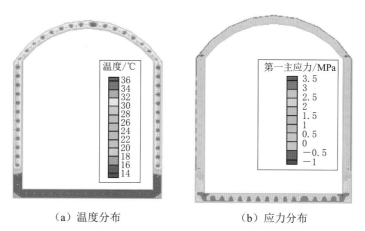

（a）温度分布　　　　　　　　　　（b）应力分布

图 5.2-13　考虑自身温度影响时侧墙浇筑 1.5d 后的温度和应力分布

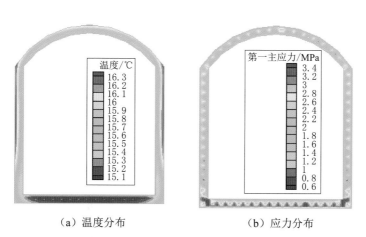

（a）温度分布　　　　　　　　　　（b）应力分布

图 5.2-14　考虑自身温度影响时侧墙浇筑 40.0d 后温度和应力分布

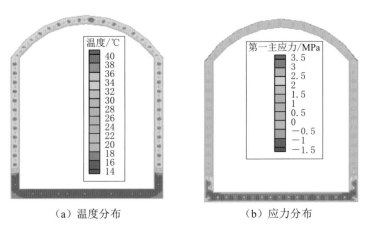

（a）温度分布　　　　　　　　（b）应力分布

图 5.2 - 15　不考虑自身温度影响时侧墙浇筑 1.5d 后温度和应力分布

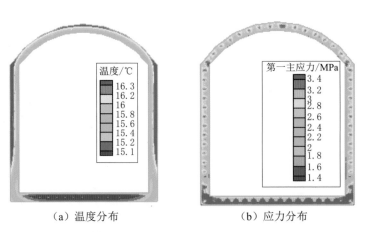

（a）温度分布　　　　　　　　（b）应力分布

图 5.2 - 16　不考虑自身温度影响时侧墙浇筑 40.0d 后温度和应力分布